The Joy of SET:
The Many Mathematical Dimensions of
a Seemingly Simple Card Game

보드게임 SET에 담긴
수학 ²

Liz McMahon · Gary Gordon
Hannah Gordon · Rebecca Gordon 지음
조진석 옮김

KM 경문사

서문

 이 책의 1권에서 우리는 수학과 SET과의 많은 연관성을 소개했었다. 우리는 핵심 아이디어를 소개하기 위해 많은 등장인물을 소개했었다. 이번 2권에서는 이들을 불러내지 않을 생각인데, 이들이 SET 게임을 하도록 방해하지 않을 생각이다. 우리는 당신이 앞으로 나올 자세한 내용들을 열심히 공부해서 깊이 있는 주제에 대한 당신의 이해가 깊어지는 보상을 얻게 되기를 희망한다.

목차

2 권

서문 ·· ii

6 더 많은 조합론

6.1 도입 ·· 3

6.2 부분 세기 ·· 7

6.3 가지의 속성이 일치하는 SET의 개수를 세기 ································ 11

6.4 평면, 초평면을 세기, 그리고 q-이항식 ·· 19

연습문제 ·· 29

프로젝트 ·· 34

7 확률과 통계

7.1 서론 ·· 41

7.2 가지의 속성이 같은 SET의 개수에 대한 통계 ······························ 46

7.3 코인 던지기, SET, 그리고 중심극한정리 ·· 52

7.4 중앙값과 최빈값: 미리보기 ·· 65

연습문제 ·· 68

프로젝트 ·· 74

목차

8 벡터와 선형대수학

8.1 서론 ··· 83

8.2 평행한 SET ·· 84

8.3 오류 수정법, 벡터, 그리고 SET ······································· 98

8.4 아핀 동치관계: 모든 SET은 동일하다 ···························· 104

8.5 SET의 서로 다른 속성의 개수를 보존하기 ····················· 113

연습문제 ·· 120

프로젝트 ·· 125

9 아핀 기하 플러스

9.1 서론 ··· 133

9.2 최대 캡 ·· 136

9.3 최대 캡으로 분할하기 ··· 150

9.4 사영 기하학 버전의 SET ·· 157

연습문제 ·· 167

프로젝트 ·· 170

10 계산과 시뮬레이션

10.1 서론 ··· 175

10.2 카드 배열에서의 SET의 개수 ··· 180

10.3 어떻게 SET을 제거할 것인가? ··· 191

10.4 전체 카드 묶음에서 서로소인 SET을 없애기 ···················· 196

10.5 마지막 6장의 카드 ··· 201

10.6 마지막 카드 게임 ··· 203

10.7 항상 카드를 모두 없앨 수 있는가? ·································· 206

10.8 장을 마무리하며 ·· 212

계산연습문제 ·· 213

컴퓨터 시뮬레이션 연습문제 ·· 214

프로젝트 ··· 219

책을 마무리하며 ··· 224

6~10장 연습문제 풀이 ·· 227

목차 v

CHAPTER
06

더 많은 조합론

보드게임 SET에 담긴 수학 ②

6.1 도입

2장에서 우리는 SET에 아주 많은 개수 세는 문제가 있다는 것을 볼 수 있었다. 이번 장에서는 더 발전된 개수 세는 문제들을 다룰 것인데, 보통은 높은 차원을 다룰 것이다. 우리는 같은 것을 두 가지 문맥에서 다룰 것이다. **전체(global)** 세기는 전체 카드 묶음에서 전체를 세는 것이고, **부분(local)** 세기는 하나의 고정된 것(카드나 SET이나 평면과 같은 것)과 관련된 세기를 하는 것이다.

우리는 전체 세기부터 시작하겠다. SET에는 네 가지 속성(개수, 색깔, 무늬, 모양)이 있는데, 각각의 속성은 세 가지 다른 값을 가진다. 수학자들이 게임을 일반화하는 일반적인 방법은 속성을 추가하는 것인데, 여전히 속성들은 3개 값을 가질 수 있다고 제한한다. 이것은 SET이 항상 세 장의 카드로 구성되어 있고, 두 장의 카드는 항상 유일한 SET을 결정한다는 것을 의미한다.

예를 들어 7가지의 속성을 가진 SET 게임을 하고 싶다고 가정해 보자. 그러면 개수, 색깔, 무늬, 모양에 추가로 다음 속성을 가질 수 있다.

- 맛 : 각각의 카드는 초콜릿, 바닐라, 딸기 맛을 가진다.
- 카테고리 : 각각의 카드는 동물, 채소, 광물 중 하나이다.
- 크기 : 각각의 카드는 작던지 보통이던지 크다.

보드게임 SET에 담긴 수학 2

예를 들면 우리가 7가지의 속성을 가진 게임에서 두 장의 카드를 뽑아보자. '2개 빨강 속이 빈 큰 동물 초콜릿 꿈틀이'와 '2개 초록 속이 빈 작은 야채 바닐라 꿈틀이'다. 그러면, 보통의 게임에서와 마찬가지로 SET을 만드는 유일한 카드('2개 보라 속이 빈 중간 광물 딸기 꿈틀이')가 존재한다. 우리는 SET의 기본 정리가 많은 속성을 가진 게임에서도 여전히 성립한다고 말할 수 있다.

우리는 계산을 할 때 구체적인 속성은 무시할 수 있기 때문에 무시할 것이다. n에 의해서만 결정되는 공식을 유도하는 장점은 명확하다. 모든 경우에 적용될 수 있는 하나의 공식[1]이 무수히 많은 질문에 답을 줄 수 있다는 것이다. 여기에 우리가 생각하는 몇 가지 질문들이 있다.

- 전체 카드 묶음에는 몇 장의 카드가 있는가?
- SET은 얼마나 있는가? 얼마나 많은 SET이 주어진 카드를 포함하는가?
- 공통된 속성을 가지지 않은 SET은 몇 개가 있는가? 하나의 속성만 같은 경우는? 일반적으로 $0 \leq k \leq n-1$에 대하여 k가지의 속성만 같은 경우는?
- 얼마나 많은 평면과 초평면과 높은 차원의 평면이 존재하는가?

이러한 질문들의 기본 구조는 다음과 같다.

a_n을 n차원 버전의 SET 게임에서 _____(여기에 "카드", "SET", "주어진 개수의 속성이 같은 SET" 등을 넣을 수 있다)의 개수라 하자. a_n을 n에 대한 공식으로 표현하여라.

---

[1] 우리 생각에 이것을 무언가에 대한 참고 사례(reference to something)라 할 수 있을 것이다.

우리는 첫 2개 답을 워밍업으로 바로 제시하려 한다. n가지의 속성을 가진 게임의 전체 카드 묶음은 모두 몇 장인가? 각각의 속성에 대해 3개 선택지가 있기 때문에, 3^n개 카드가 존재한다.

📝 전체 카드 묶음에는 3^n개 카드가 존재한다.

만일 $n = 4$라면 이것은 정확한 답인 $3^4 = 81$를 주게 된다.[2]

[표 6.1] n가지의($n \leq 7$) 속성 SET 게임에서 SET의 총 개수

속성 개수	1	2	3	4	5	6	7
SET 개수	1	12	117	1080	9801	88452	796797

n가지의 속성 SET 게임에는 얼마나 많은 SET이 존재하는가? 이것에 답하기 위해서는 기본 정리에 의해 여전히 두 장의 카드가 유일한 SET을 결정한다는 사실을 염두에 두어야 한다. 2장에서 우리는 3^n개 카드 중에서 두 장을 뽑는 경우의 수가 $3^n(3^n - 1)/2$가 지임을 보았다. 하지만 이 경우의 수는 하나의 SET이 세 번 중복되어 나타나게 되는데, 왜냐하면 똑같은 두 장의 카드를 뽑아 동일한 SET을 만드는 세 가지 방법이 있기 때문이다. (역시 2장에서와 마찬가지이다.) 이것은 전체 경우의 수로 $3^n(3^n - 1)/6$을 준다.

이것을 간단히 하면 n에 대한 공식을 구할 수 있다.

---

[2] 잘되었다. 당신이 구한 공식을 답을 알고 있는 작은 경우에서 확인해 보는 것은 아주 좋은 생각이다. 만일 답이 다르게 나온다면, 공식을 다시 고쳐야 할 것이다.

n가지의 속성 SET 게임에 있는 SET의 총 개수는 $3^{n-1}(3^n-1)/2$이다.

우리는 작은 n값에 대한 SET의 총 개수를 [표 6.1]에 나타내었다.

이 공식이 우리가 이미 알고 있는 값과 일치하는지 확인해보자. 평면(2가지의 속성 게임)에서는 12개 SET이 있고, 초평면(3가지의 속성 게임)에서는 117개 SET이 있으며, 4가지의 속성 게임에서는 평상시와 같이 1080개 SET이 존재한다. 우리는 이 공식을 6.5절에서 일반화하여 n가지의 속성 게임에서의 평면의 개수, 초평면의 개수 등을 구할 것이다.

6.2 부분 세기

이번 절에서는 n가지의 속성 게임에서의 두 가지 부분 세기를 할 것이다.

- 주어진 카드를 포함하는 SET은 몇 개가 있는가?
- 주어진 SET과 교차하는 다른 SET은 몇 개가 있는가?

여기에서 첫 번째 질문에 답하기 위해 사용하는 방법은 2장에서 다루었던 것과 본질적으로 같다. 먼저 n가지의 속성 전체 카드 묶음에서 한 장의 카드 C를 뽑는다. 그 후 $3^n - 1$개 남은 카드를 $(3^n - 1)/2$개 쌍으로 나눌 것인데, 각각의 쌍은 주어진 카드 C와 SET을 이룬다. 이것은 오로지 기본 정리에만 의존하므로, 다음과 같은 답을 얻는다.

 각각의 카드는 $(3^n - 1)/2$개 SET에 포함된다.

[표 6.2] n개($n \leq 7$) 속성 SET 게임에서 주어진 SET S와 만나는 SET의 개수

n	1	2	3	4	5	6	7
S와 만나는 SET개수	0	9	36	117	360	1089	3276
비율	0%	75%	30.8%	10.8%	3.7%	1.2%	0.4%

두 번째 질문으로, 당신이 게임을 할 때 특정한 SET과 만나는 SET의 개수를 세는 것은 중요하다. 예를 들어, 두 SET이 공통된 카드를 가지고 있다면 하나의 SET을 없애서 다른 SET을 무효로 만들 수 있게 된다.

여기에 n가지의 속성 게임에서 주어진 SET과 만나는 (다른) SET의 개수를 구하는 방법을 소개한다.

1. 먼저 SET을 고르라. 세 장의 카드를 A, B, C라 두자.
2. A카드를 사용하는 SET은 모두 몇 개인가? 이전 계산에 의하면 $(3^n - 1)/2$개가 있다. 이 개수에는 ABC가 포함되어 있음을 알아두자.
3. 이제 B와 C에 대해서도 반복한다. 이 개수를 더하면 (임시로) $3 \times (3^n - 1)/2$개를 얻는다.
4. 하지만 (3)의 계산은 원래의 SET인 ABC를 세 번씩 포함하고 있으므로, 3을 빼야 한다. 그러므로 전체 개수는 $3 \times (3^n - 1)/2 - 3$이 된다.

계산을 간단히 한 후에, 우리는 다음과 같은 결론을 얻는다.

📝 주어진 SET과 만나는 다른 SET들의 개수는 $\frac{3}{2}(3^n - 3)$이다.

주어진 SET과 만나는 SET의 개수 데이터를 잘 살펴보면 재미[3] 있는 면이 있다. [표 6.2]에는 전체 SET에 대한, 주어진 SET과 만나는 SET의 비율이 제시되어 있다.

이 숫자들 중 하나에 주목하고자 한다. 4가지의 속성 게임에서 한 SET과 만나는 SET의 개수가 117개라는 것이다. 우리는 이전에 117이라는 숫자를 접한 적이 있다. 이것은 3가지의 속성 게임에서의 전체 SET 개수(표6.1)와 일치한다! 이것이 우연일까?[4]

대답은, 불행하게도[5], "네"이다. 당신 스스로 무엇인가가 정말로 우연이라는 것을 확신하기 힘들 수도 있지만, 이를 시도해 볼 만한 가치가 있을 때가 많다. 여기 한 가지 설명이 있다. 만일 두 숫자가 같은 것에 이론적인 이유가 있었다면, 같은 관계가 속성이 4개가 아닌 경우에도 성립했어야 한다.

[표 6.3] 전체 SET 개수와 주어진 SET S와 만나는 SET의 개수를 비교

n	1	2	3	4	5	6	7
SET 개수	1	12	117	1080	9801	88452	796797
S와 만나는 SET 개수	0	9	36	117	360	1089	3276

---

3) 정확하게 말하면, 이것은 당신이 생각하는 "재미"의 정의에 따라 크게 다를 수 있다.
4) 당신이 수학책에서 이러한 질문을 접할 때마다, 대답은 항상 "아니요"이다. 이번만 빼고.
5) 아마도 우리는 이러한 사실에 행복해해야 할지도 모르겠다. 잘 모르겠다.

$n-1$가지의 속성을 가진 SET 게임에서 전체 SET 개수와 n가지의 속성을 가진 SET 게임에서 주어진 SET과 만나는 SET의 개수 사이에 관계가 있는지는 어떻게 확인할 수 있을까? [표 6.3]에서 우리는 $n \leq 7$일 때 [표 6.1]과 [표 6.2]를 비교하였다.

교훈 : 때로는 두 개수가 우연히 같을 때가 있다.

6.3 k가지의 속성이 일치하는 SET의 개수를 세기

우리는 2장에서 SET들을 일치하는 속성의 개수를 기준으로 네 가지 종류로 나누었다. 우리가 찾았던 결과를 [표 6.4]에 요약해 두었다.

이번 절의 목표는 n가지의($n \neq 4$) 속성 SET 게임에서 무슨 일이 벌어지는지를 알아내는 것이다. 우리는 이 문제를 두 가지 버전으로 해결할 것인데, 전체 카드 묶음에서의 전체 세기와 주어진 카드를 포함하는 개수를 세는 부분 세기이다. 명백하게도 부분 세기의 답은 우리가 뽑은 카드에 따라 달라지지 않을 것이다. k가지의 속성이 일치하는 SET의 개수를 세는 문제에는 조합론에서 사용되는 많은 기본적인 기술들이 필요하다. 우리는 이항계수가 필요한데, 당신이 이미 2장에서 접해 본 것이다.

[표 6.4] 0, 1, 2, 3가지의 속성이 일치하는 SET의 개수

같은 속성의 개수	개수	비율
0	216	20%
1	432	40%
2	324	30%
3	108	10%
전체	1080	100%

> 보드게임 SET에
> 담긴 수학 2

> $S = \{1, 2, \cdots, n\}$이라 하자. 크기가 k인 S의 부분집합의 개수는 다음과 같다.
> $$\binom{n}{k} = \frac{n!}{k!(n-k)!}$$

6.3.1 전체 세기

새로운 기호를 도입하며 시작하자. $g(n,k)$를 n가지의 속성 게임에서 정확히 k가지의 속성이 같은 SET의 개수라 정의하자. 그러면 우리는 $0 \le k \le n-1$를 가정하고, $g(n,k)$는 n과 k에 의존하는 함수가 된다. 예를 들면, $g(4,1) = 432$는 일반적인 4가지의 속성 게임에서 하나의 속성이 일치하는 SET의 개수가 432개라는 것을 의미한다.

우리의 즉각적인 목표는 $g(n,k)$의 공식을 찾는 것이다. 이를 위해 카드들을 벡터로 표현하는 것이 유용하다. $x_i = 0, 1, 2$에 대하여 카드들은 n개 순서쌍 $(x_1, x_2, \cdots, x_n)$으로 표현된다는 사실을 기억하자. 우리의 SET은 세 장의 카드

$$(a_1, a_2, \cdots, a_n), \ (b_1, b_2, \cdots, b_n), \ (c_1, c_2, \cdots, c_n)$$

들로 표현되는데,

- 서로 같은 k가지의 속성에 대해서는 $a_i = b_i = c_i$가 성립하고,
- 서로 다른 $n-k$가지의 속성에 대해서는 a_i, b_i, c_i가 모두 다르다.

$g(n,k)$를 계산하기 위해서는, 먼저 동일한 속성을 k개 뽑아야 한다. k가지의 속성을 뽑는 경우의 수는 $\binom{n}{k} = \frac{n!}{k!(n-k)!}$이다. 예를 들면, $n = 9$이고 $k = 4$일 때, 1, 3, 6, 8번째 속성이 같도록 뽑을 수 있다. 우리는 이것을 카드를 표현하는 벡터에 대하여 같은 속성에 박스를 쳐서 표현하기로 한다.

$$(\boxed{*}, *, \boxed{*}, *, *, \boxed{*}, *, \boxed{*}, *)$$

이제 k가지의 속성 각각에 대하여, 값으로 세 가지 선택이 존재한다. 이것은 SET에서 같은 속성을 명시하는 $\binom{n}{k} \times 3^k$가지 방법이 있음을 의미한다. $n = 9$이고 $k = 4$인 예로 돌아와서, 우리는 박스가 그려져 있는 속성에 임의의 숫자를 넣을 수 있다.

$$(\boxed{0}, *, \boxed{2}, *, *, \boxed{1}, *, \boxed{1}, *)$$

마지막으로, 남아있는 $n - k$개 자리에 서로 다른 속성을 결정해야 한다. 만일 SET에 있는 세 장의 카드가 카드1, 카드2, 카드3과 같이 순서가 매겨져 있다면, 서로 달라야 하는 각각의 $n - k$가지의 속성에는 카드1에 세 가지 선택지가, 카드2에 두 가지 선택지가, 카드3에 한 가지 선택지가 존재하게 된다. 각각의 $n-k$가지의 속성에 $3! = 6$개 선택지가 있기 때문에, SET을 완성하는 경우의 수는 6^{n-k}가지가 된다.

하지만 이 $g(n,k)$ 계산 방법에는 6배 만큼의 중복이 존재하는데, 왜냐하면 각각의 카드에 1, 2, 3으로 번호를 붙이는 방법이 $3! = 6$이기 때문이다. 그러므로 SET을 완성하는 경우의 수는 6^{n-k-1}이 된다. 약간의 계산을 하면 다음과 같이 공식을 정리할 수 있다.

> 📝 k가지의 속성이 같은 SET의 개수는 다음과 같다.
> $$g(n,k) = \binom{n}{k} 3^{n-1} 2^{n-k-1}$$

$n = 9$와 $k = 4$를 이 공식에 대입해보면, 9가지의 속성 게임에서 정확히 4가지의 속성이 같은 SET의 개수로 $g(9,4) = 13226976$를 얻게 된다. 엄청 큰 숫자이다.[6] 여기에 이런 SET의 예를 하나 제시한다.

$$\text{카드1} = (\boxed{0}, 0, \boxed{2}, 2, 2, \boxed{1}, 1, \boxed{1}, 0)$$

카드2＝(⓪,1,②,0,1,①,2,①,1)

카드3＝(⓪,2,②,1,0,①,0,①,2)

[표 6.5]는 $n \leq 5$, $0 \leq k \leq n-1$일 때 k가지의 속성이 일치하는 SET의 개수를 보여주고 있다.

[표 6.5] n가지의 속성 게임에서 정확히 k가지의 속성이 일치하는 SET의 개수 $g(n,k)$

	$k=0$	$k=1$	$k=2$	$k=3$	$k=4$	전체
$n=1$	1	-	-	-	-	1
$n=2$	6	6	-	-	-	12
$n=3$	36	54	27	-	-	117
$n=4$	216	432	324	108	-	1080
$n=5$	1296	3240	3240	1620	405	9801

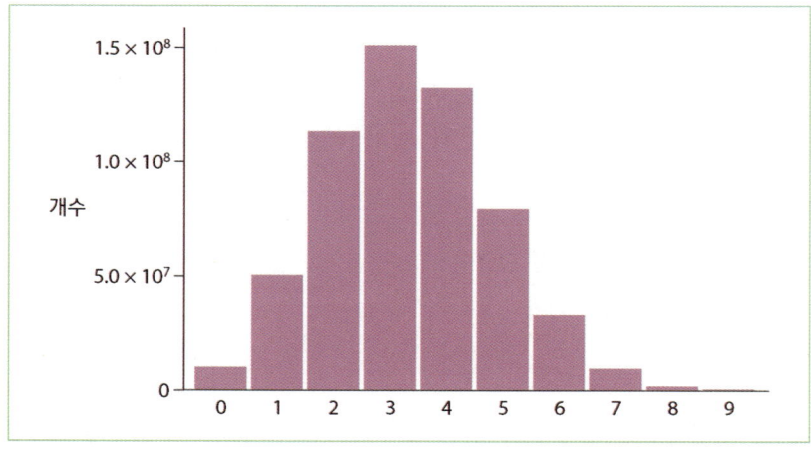

[그림 6.1] 10가지의 속성 게임에서 $k(0 \leq k \leq 9)$가지의 속성이 일치하는 SET의 개수

---

6) 다른 것은 몰라도, 이것은 우리가 실제 게임의 세계를 대단히 멀리 벗어났다는 것을 보여준다.

가능하다면 데이터를 시각화하는 것은 항상 이롭다. 우리는 [그림 6.1]에서 10가지의 속성 게임에서 k가지의 속성이 같은 SET의 개수의 분포를 제시하였다.

이 그래프는 n가지의 속성 게임에 대해 몇 가지 질문을 제기할 수 있게 한다.

> - 어떤 종류의 SET이 가장 많은가, 즉 $g(n,k)$를 최댓값으로 만드는 k는 얼마인가?
> - 어떤 종류의 SET이 가장 적은가, 즉 $g(n,k)$를 최솟값으로 만드는 k는 얼마인가?
> - SET들이 가지는 같은 속성 개수의 **평균**은 얼마인가?
> - 숫자들은 항상 커 다가 최댓값을 가진 후 감소하게 되는가?
> - [표 6.5]에서 $g(5,2) = g(5,1) = 3240$임에 주목하자. 다른 $g(n,k)$의 최댓값 중에 서로 같은 값이 겹쳐서 나오는 n은 모두 몇 개가 있는가?

우리는 7장에서 이 질문들과 다른 질문들에 대해 답을 할 것인데, 우리는 거기에서 데이터를 확률의 관점에서 볼 것이다.

6.3.2. 부분 세기

n가지의 속성 게임에서 카드를 하나 뽑자. 그 카드를 포함하는 SET은 모두 $(3^n - 1)/2$개가 있다. 이 중 정확히 k가지의 속성이 같은 SET은 얼마나 많은가? 이 수를, 우리가 이전에 $g(n,k)$를 정의했던 것과 같이, $l(n,k)$라 둘 것인데, 이것은 n과 k에 의존하는 함수이다.

$l(n,k)$의 공식을 찾기 위해, 우리는 2장에서 했던 바와 같이 인접 세기를 사용할 것이다. 이것을 위해 우리는 왼쪽에 3^n장의 카드

가 놓이고 오른쪽에 k가지의 속성이 일치하는 $g(n,k)$개 SET을 놓은 이분그래프(bipartite graph)를 생각할 것이다.

그러면 각각의 3^n장의 카드는 $l(n,k)$개 SET과 연결되어 있기 때문에 이분그래프의 전체 변의 개수는 $3^n \times l(n,k)$가 된다. 반면에 오른쪽에 놓인 각각의 $g(n,k)$개 SET은 왼쪽 3개의 카드와 연결되어 있으므로 (왜냐하면, SET에는 3장의 카드가 있다) 이분그래프의 변의 개수는 $3 \times g(n,k)$가 된다.

전체 변의 개수를 방정식으로 표현하면 다음과 같이 부분 세기와 전체 세기를 연결하는 공식을 얻게 된다.

$$3^n l(n,k) = 3g(n,k)$$

그러면 6.4.1절의 $g(n,k)$ 공식을 이용하면 다음과 같은 $l(n,k)$의 공식을 얻게 된다.

> 주어진 카드를 포함하고 k가지의 속성이 같은 SET의 개수는 다음과 같다.
> $$l(n,k) = \binom{n}{k} 2^{n-k-1}$$

[표 6.6]은 작은 n값에 대한 $l(n,k)$ 값을 제시하고 있다. 예를 들어 $l(4,0) = 16$인데, 이것은 주어진 카드를 포함하는 SET 중 같은 속성을 하나도 가지지 않은 것이 (40개 중) 16개 있다는 것을 의미한다.

SET과 다시 연결하자. 당신이 좋아하는 카드인 2개 '보라 줄무늬 꿈틀이'[7]를 뽑고, 이 카드를 포함하는 SET을 살펴보자. [그림 6.2]는 40개 SET을 보여주고 있는데, 같은 속성의 개수를 기반으로 네 묶음으로 나뉘어졌다.

---

7) 이것이 당신이 가장 좋아하는 카드가 아니라면, 당신의 책에 가장 좋아하는 카드를 써넣어라. 우리는 그것을 인정하겠다.

[표 6.6] 주어진 카드를 포함하고 k가지의 속성이 일치하는 SET의 개수

	$k=0$	$k=1$	$k=2$	$k=3$	$k=4$	전체
$n=1$	1	-	-	-	-	1
$n=2$	2	2	-	-	-	4
$n=3$	4	6	3	-	-	13
$n=4$	8	16	12	4	-	40
$n=5$	16	40	40	20	5	121

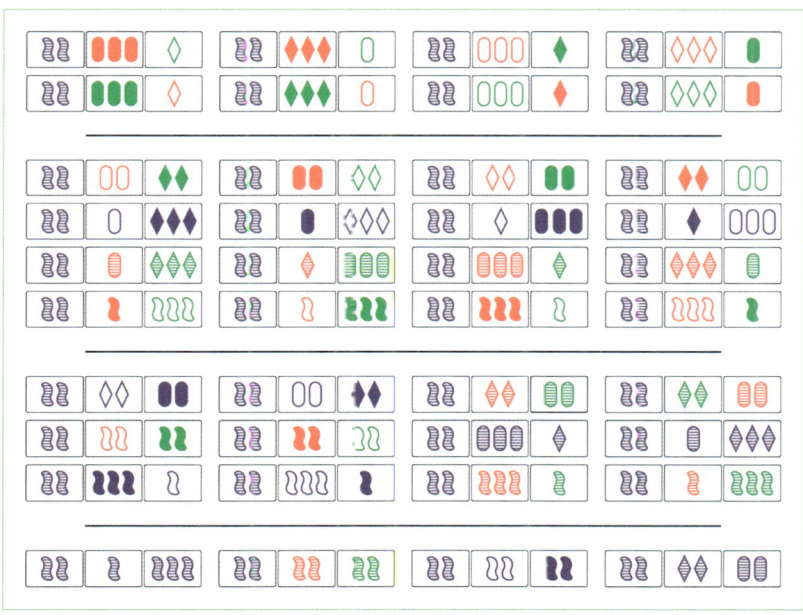

[그림 6.2] '2개 보라 줄무늬 꿈틀이'를 포함하고 있는 모든 SET을 같은 속성의 개수에 따라 나누었다

마지막으로, 전체 SET의 20%는 같은 속성이 없었고, 40%는 하나의 속성이 같았고, 30%는 2가지의 속성이 같았고, 10%가 3가지의 속성이 같았다는 것을 기억해보자. 부분 세기에서도 동일한 비

율이 유지되고 있다. 주어진 카드를 포함하는 **SET** 중에 20%는 같은 속성이 없고, 40%는 하나의 속성이 같고, 30%는 2가지의 속성이 같고, 10%는 3가지의 속성이 같다.

이것은 우연일까?[8] 이제 당신은 부분 세기와 전체 세기를 통해 n가지의 속성 게임에서 비율을 구할 준비가 되었다. 자세한 내용은 연습문제 6.2를 보자.

---

8) 이번 경우에는 아니다.

6.4 평면, 초평면을 세기, 그리고 q-이항식

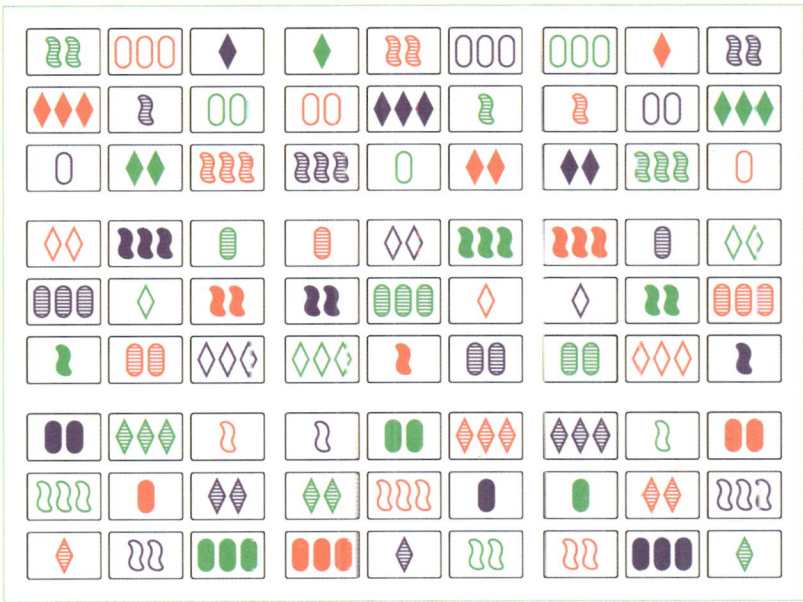

[그림 6.3] 전체 카드 묶음. 잘 살펴보고 SET, 평면, 초평면의 위치가 가지는 패턴을 찾아보자.

6.4.1 당신 스스로 예쁜 그림을 만들어보자

이번 절에서는 전체 카드 묶음의 기하학적인 구조와 관련된 세기 문제를 탐구할 것이다. [그림 6.3]에는 우리가 1권의 5.5절에서 보았던 것과 비슷한 아름다운 전체 카드 묶음 그림이 있다. 이 그림은 당신이 1080개 **SET**을 한 번에 "볼 수" 있도록 해준다.

> 이런 멋진 그림을 만드는 서로 다른 방법은 모두 몇 가지가 있는가?

이 그림을 만드는 방법을 설명하면 이에 대한 답을 얻을 수 있다. 우리는 순서쌍 (행, 열)을 각각의 카드의 위치에 대응시킬 것인데, (1, 1)은 왼쪽 위 가장자리 위치이고, (9, 9)는 오른쪽 아래 가장자리 위치이다.

a. (1, 1) 위치에 카드 한 장을 놓자. 이 카드를 선택하는 경우는 모두 $81 = 3^4$가지이다.

b. 방금 놓은 카드 바로 오른쪽 위치인 (1, 2)에 카드 한 장을 놓는다. 이 카드를 선택하는 경우는 모두 $80 = 3^4 - 1$가지이다. 이 두 장의 카드는 (1, 3) 위치의 카드를 결정하는데, 왜냐하면 (1, 1), (1, 2), (1, 3) 위치에 놓인 세 장의 카드들은 **SET**을 이루기 때문이다.

c. (2, 1) 위치에 카드 한 장을 놓는다. 이 카드를 선택하는 경우는 모두 $78 = 3^4 - 3$가지이다. 이전에 본 바와 같이 (1, 1), (1, 2), (2, 1) 위치에 있는 카드들은 왼쪽 위에 놓인 평면 전체를 유일하게 결정하는데, 즉 $1 \leq x, y \leq 3$를 만족하는 (x, y) 위치의 카드들이 고정된다.

d. 이제 (1, 4) 위치의 카드를 한 장 놓는다. 이 카드를 선택하는 경우는 모두 $72 = 3^4 - 3^2$가지이다. 이 카드와 이전에 결정된 아홉 장의 카드는 첫 세 행에 해당하는 초평면을 유일하게 결정하는데, 즉 $1 \leq x \leq 3$을 만족하는 (x, y) 위치의 카드들이다. (이것은 [그림 5.17]에서 사용했던 과정과 동일하다.)

e. 마지막으로, (4, 1) 위치에 카드를 한 장 놓는다. 이 카드를

선택하는 경우는 모두 $54 = 3^4 - 3^3$가지이다. 이 시점에서 모든 남은 카드들은 유일하게 결정되는데, 이미 5장에서 본 바와 같다.

모든 것을 합치면 우리가 간든 "서로 다른" 그림의 개수는 다음과 같다.

$$3^4(3^4-1)(3^4-3)(3^4-3^2)(3^4-3^3) = 1965150720$$

이것은 큰 수이다.[9] 반면에 만일 지구에 있는 모든 사람들이 자신만의 그림을 만든다면, 서르 겹치는 그림이 있을 것이다.[10] 더욱이 수들의 곱 $3^n(3^n-1)(3^n-3^2)\cdots(3^n-3^m)$은 우리가 $n > 4$일 때 평면이나 초평면의 개수를 셀 때 대단히 중요해지게 되는데, 이에 대해 이제 다루고자 한다.

6.4.2 평면과 초평면 세기

기하학적인 관점에서, SET은 단순한 직선, 즉 1차원 물체이다. 우리가 평범한 SET 게임을 하는 것은 테이블 위에 놓인 뒤집힌 카드들에서 1차원 물체를 없애는 것이다. 이론적으로 우리는 이차원 평면이나 삼차원 초평면을 없애는 것을 목적으로 하는 게임을 할 수도 있다. 여기에서 중요한 점은 SET이 보다 일반적인 구조의 특별한 경우라는 것이다.

우리의 첫 번째 목표는 n가지의 속성 게임에서 $k(1 \leq k \leq n-1)$

---

9) 예를 들어, 당신이 당신 친구 엘비스와 각자 전체 카드 묶음을 가지고 스스로의 그림을 만든다면, 아마도 서로 다른 그림을 얻게 될 것이다.
10) 이것은 비둘기집의 원리로부터 유도되는데, 지구의 인구수를 알아야 한다. 그리고 명백하게도 상상으로 만드는 것이다.

차원 초평면의 개수의 공식을 찾는 것이다. $k = 1$이면 k차원 초평면은 단순히 SET이고, 이것은 우리가 이미 n가지의 속성 게임에서 계산한 바 있다. 그러므로 우리는 $k = 2$인 경우로 가서 n가지의 속성 게임에서 평면의 개수를 구할 것이다. 여기에 평면을 개수를 구하는 방법을 소개한다.

평면 세기

- 우리는 $n \geq 2$라 가정한다. 평면은 한 직선 위에 있지 않은 3개 점에 의해 결정된다. 첫 번째 점을 선택하는 경우는 3^n가지이고, 두 번째 점은 $3^n - 1$가지이고, 세 번째 점은 $3^n - 3$가지(왜냐하면 세 번째 점은 이전 두 점이 만드는 직선 위에 놓이지 않아야 하기 때문)이다. 그러므로 이들을 곱하면 $3^n(3^n - 1)(3^n - 3)$을 얻는다.
- 하지만 이 과정은 평면의 수를 원래 개수보다 초과해서 세게 된다. 평면에서 카드의 순서는 따지지 않기 때문에, 평면에 놓인 아홉 장의 카드가 배열되는 경우의 수 만큼 나누어주어야 한다. 첫 카드를 선택하는 경우는 $9(=3^2)$가지이고, 두 번째는 $8(=3^2-1)$이고, 세 번째는 $6(=3^2-3)$이다. 이것은 위의 과정에서 하나의 평면이 $9 \times 8 \times 6 = 432$번 세어졌다는 것을 뜻한다.
- 그러므로 평면의 개수는 다음과 같다.

$$\frac{3^n(3^n-1)(3^n-3)}{3^2(3^2-1)(3^2-3)}$$

빨리 검산할 수 있도록 $n = 2, 3, 4$를 공식에 대입해보자. 이것은 평면, 초평면, SET 전체 카드 묶음 각각 안에 얼마나 많은 평면이 들어 있는지를 알려준다.

$n=2$인 경우 우리는 $(9 \times 8 \times 6)/(9 \times 8 \times 6) = 1$을 얻는다. 평면 안에는 평면이 하나만 들어 있다. $n=3$인 경우 우리는 $(27 \times 26 \times 24)/(9 \times 8 \times 6) = 39$개 평면을 얻는데, 이것은 5장에서 했던 계산의 결과와 일치한다. 보통의 4가지의 속성 게임의 경우 우리는 $(81 \times 80 \times 78)/(9 \times 8 \times 6) = 1170$개 평면을 얻는데, 이것은 우리가 2장에서 했던 계산의 결과와 일치한다.

우리가 평면의 개수를 계산할 때 사용한 방법은 일반적인 공식을 제시해준다. $k \leq n$에 대하여 $h(n,k)$를 k차원 초평면의 개수라 두자. 그러면 다음 공식을 얻는다.

$$h(n,k) = \frac{3^n(3^n-1)(3^n-3)(3^n-3^2)\cdots(3^n-3^{k-1})}{3^k(3^k-1)(3^k-3)(3^k-3^2)\cdots(3^k-3^{k-1})}$$

[표 6.7]은 $h(n,k)$의 몇 개 값을 보여주고 있다.

[표 6.7] n가지의 속성 게임에서 k차원 초평면의 개수 ($n,k \leq 7$)

	SET 개수						
	$k=1$	$k=2$	$k=3$	$k=4$	$k=5$	$k=6$	$k=7$
$n=2$	12	1	–	–	–	–	–
$n=3$	117	39	1	–	–	–	–
$n=4$	1080	1170	120	1	–	–	–
$n=5$	9801	32670	10890	363	1	–	–
$n=6$	88452	891891	914760	99099	1092	1	–
$n=7$	796797	24169509	74987451	24995817	895167	3279	1

몇 가지 코멘트를 순서대로 하자.

1. 우선 이 분수가 항상 정수로 표현된다는 것, 즉 분자가 결국

소거된다는 것은 상당히 놀라운 일이다. 이것은 이항계수 $\binom{n}{k}$ 에서 분모 $k!(n-k)!$가 항상 분자 $n!$에 의해 완전히 소거된다는 것을 생각나게 할 것이다.

2. $h(n,1)$의 값은 1차원 초평면의 개수, 즉 **SET**의 개수를 의미한다. 실제로

$$\frac{3^n(3^n-1)}{3(3-1)} = \frac{3^{n-1}(3^n-1)}{2}$$

는 우리가 이번 장에서 구한 공식과 일치하고 있다.

3. $n = k$일 때 공식은 1이 되는데, n차원 초평면은 오직 하나만 있다. 이것은 물론 당연한 경우인데, 공식이 우리에게 합리적인 결과를 준다는 것은 좋은 일이다.

4. 마지막으로, [표 6.7]을 살펴보면 수가 최댓값까지 계속 커진 후에 다시 작아지는 현상을 확신할 수 있을 것이다. 이러한 성질을 가진 수열을 **단봉(unimodal)**수열이라 한다. 아주 많은 흥미로운 수열이 단봉수열인데, 조합론에는 단봉수열과 관련된 아주 도전적인 미해결 문제들이 있다.

6.4.3 주어진 카드를 포함하는 초평면은 얼마나 있는가?

우리는 이번 절을 부분 세기로 끝내려 한다. 주어진 카드를 포함하는 k차원 초평면은 얼마나 많이 있는가? 우리는 이미 한 가지 버전을 보았다.

 $k = 1$이고 n이 임의의 수이면, 각각의 카드는 $(3^n - 1)/2$개 **SET**안에 포함된다.

일반적인 공식을 얻기 위해서 우리는 또 다른 인접 세기를 할 것이다. 다음과 같이 준비한다. 한쪽에는 3^n개 카드들을 놓고, 다른 편에는 k차원 초평면 $h(n,k)$개를 놓는다. 평상시와 같이 카드와 k차원 초평면을 연결하는데, 카드가 초평면에 포함되던 선분으로 연결한다. 우리는 각각의 초평견이 3^k개 카드를 포함함을 알고 있다. x를 주어진 카드를 포함하는 초평면의 개수라 두자. 그러면 우리는 $3^n x = 3^k h(n,k)$를 얻으므로, 아래가 된다.

$$x = \frac{h(n,k)}{3^{n-k}}$$

그러면, $h(n,k)$의 공식과 약간의 계산을 하여 x에 대한 다음 공식을 얻게 된다.

$$x = \frac{(3^n-1)(3^n-3)(3^n-3^2)\cdots(3^n-3^{k-1})}{(3^k-1)(3^k-3)(3^k-3^2)\cdots(3^k-3^{k-1})}$$

이 숫자들은 유명하고, 이 숫자들을 위한 특별한 기호가 있다. 주어진 카드를 포함하는 k차원 초평면의 개수는 기호로 $\begin{bmatrix} n \\ k \end{bmatrix}_3$와 같이 쓴다. 이것은 q-이항계수(q-binomial coefficients) 또는 가우스 계수(Gaussian coefficients)라 불리는데, 19세기의 위대한 수학자 Carl Friedrich Gauss의 업적을 기리기 위해 이름 붙였다. q-이항계수 $\begin{bmatrix} n \\ k \end{bmatrix}_q$는 q를 원소로 가지는 유한체 위에서의 n차원 벡터공간에 있는 k차원 부분공간의 개수를 나타낸다.[11] 일반적인 공식은 다음과 같다. 우리의 공식을 얻고 싶으면 $q = 3$을 대입하면 된다.

---

11) 당신이 선형대수학을 안다면, 모든 부분공간은 $\vec{0}$을 포함하므로, 부분공간의 개수를 세는 것은 주어진 카드를 포함하는 초평면의 개수를 세는 것에 대응한다. 당신이 선형대수학을 모른다면, 이 각주는 무시하기 바란다.

$$\begin{bmatrix} n \\ k \end{bmatrix}_q = \frac{(q^n-1)(q^n-q)(q^n-q^2)\cdots(q^n-q^{k-1})}{(q^k-1)(q^k-q)(q^k-q^2)\cdots(q^k-q^{k-1})}$$

우리는 초평면의 개수 $h(n,k)$의 공식을 q-이항계수를 써서 새롭게 표현할 수 있다.

$$h(n,k) = 3^{n-k} \begin{bmatrix} n \\ k \end{bmatrix}_3$$

[표 6.8]에서 작은 $\begin{bmatrix} n \\ k \end{bmatrix}_3$의 값들을 볼 수 있다. $n=4$인 경우(평범한 SET 게임)에 주목하면, 우리는 $\begin{bmatrix} 4 \\ 1 \end{bmatrix}_3 = 40$을 얻는다. 이 사실은 모든 카드가 40장의 **SET**에 포함된다는 익숙한 사실에 대응한다. 마찬가지로 $\begin{bmatrix} 4 \\ 2 \end{bmatrix}_3 = 130$이고, $\begin{bmatrix} 4 \\ 3 \end{bmatrix}_3 = 40$인데, 임의의 카드는 130개 평면과 40개 초평면에 포함된다.

[표 6.8] $\begin{bmatrix} n \\ k \end{bmatrix}_3$는 $n(n \leq 7)$가지의 속성 SET 게임에서 주어진 카드를 포함하는 k차원 초평면의 개수이다.

	$k=0$	$k=1$	$k=2$	$k=3$	$k=4$	$k=5$	$k=6$	$k=7$
$n=2$	1	4	1	-	-	-	-	-
$n=3$	1	13	13	1	-	-	-	-
$n=4$	1	40	130	40	1	-	-	-
$n=5$	1	121	1210	1210	121	1	-	-
$n=6$	1	364	11011	33880	11011	364	1	-
$n=7$	1	1093	99463	925771	925771	99463	1093	1

이 숫자들과 관련된 재미있는 수학의 세계가 있으나, 이 세계를 다루는 것은 이 책의 범위를 크게 벗어나게 된다. 하지만 당신 스스로

CHAPTER 06 더 많은 조합론

더욱 공부할 수 있도록 약간의 코멘트들을 하고자 한다.

1. 표의 모든 행에 있는 숫자들은 대칭적이다. 그들은 회문 (palindrome)[12][13]이 된다. 예를 들어, 4가지의 속성 게임에서, 주어진 카드를 포함하는 SET의 개수는 그 카드를 포함하는 초평면의 거수와 같은데, 즉, $\begin{bmatrix} 4 \\ 1 \end{bmatrix}_3 = \begin{bmatrix} 4 \\ 3 \end{bmatrix}_3 = 40$이다. 일반적으로 다음 식을 증명할 수 있다(연습문제 6.5(b)).

$$\begin{bmatrix} n \\ k \end{bmatrix}_q = \begin{bmatrix} n \\ n-k \end{bmatrix}_q$$

2. 임의의 음이 아닌 정수 q, n, k $(k \leq n)$에 대하여 q-이항계수 $\begin{bmatrix} n \\ k \end{bmatrix}_q$는 정수이다. 사실은 더 일반적인 사실이 참인데, 우리가 q를 변수로 생각한다면 $\begin{bmatrix} n \\ k \end{bmatrix}_q$는 임의의 음이 아닌 정수 n과 $k(k \leq n)$에 대하여 q에 대한 다항식(polynomial)이 된다. 예를 들면 $n=6$이고 $k=3$일 때, 우리는 다음 식을 얻는다.

$$\begin{bmatrix} 6 \\ 3 \end{bmatrix}_q = \frac{(q^6-1)(q^6-q)(q^6-q^2)}{(q^3-1)(q^3-q)(q^3-q^2)}$$
$$= (q+1)(q^2+1)(q^2-q+1)(q^4+q^3+q^2+q+1)$$
$$= q^9+q^8+2q^7+3q^6+3q^5+3q^4+3q^3+2q^2+q+1$$

이 식은 항상 다항식으로 표현되는데, 임의의 n, k, q에 대하여, 분모에 있는 각각의 항들에 대해 항상 분자에서 대응하는 항을 찾아서 서로 약분할 수 있다.

---

[12] (역자주) 회문이란 앞으로 읽으나 거꾸로 읽으나 동일한 결과가 나오는 단어나 수를 의미한다.
[13] 이 책의 저자 중 한 명의 이름은 회문이다. 누구인지 알 수 있겠는가? (역자주) Hannah가 회문이다.

더욱이 다항식의 계수들은 대칭적인 단봉수열이 된다. 위의 $\begin{bmatrix} 6 \\ 3 \end{bmatrix}_q$의 경우 계수가 $\{1,1,2,3,3,3,3,2,1,1\}$이며, 멋진 회문이 된다.

3. $q=1$을 대입하면 일반적인 이항 계수가 된다. $\begin{bmatrix} n \\ k \end{bmatrix}_1 = \binom{n}{k}$. ($q=1$를 대입하기 위해서는, 대입하기 전에 먼저 $\begin{bmatrix} n \\ k \end{bmatrix}_q$를 q에 대한 다항식으로 표현해야 한다.)

우리는 이번 장에서 다룬 많은 세기 문제들을 7장에서 활용할 것인데, 거기에서 우리는 확률과 기댓값을 다룬다.

CHAPTER 06 더 많은 조합론

연/습/문/제

6.1. 우리는 6.4.2절에서 주어진 카드를 포함하고 k가지의 속성이 같은 SET의 개수 $l(n,k)$의 공식을 구했었다. 그 증명은 인접 세기와 전체 세기 $g(n,k)$의 공식을 사용했었다. 다른 직접적인 방법으로 $l(n,k) = \binom{n}{k}2^{n-k-1}$임을 보이시오.

6.2. 이번 연습문제에서는 k가지의 속성이 일치하는 SET의 비율이 전체적으로나 부분적으로나 서로 일치한다는 것을 보일 것이다. n과 $k(0 \leq k \leq n-1)$를 고정하고 $g(n,k)$와 $l(n,k)$를 6.4절과 같이 정의하자. $g(n,k)$와 $l(n,k)$의 공식을 이용하여 다음 식을 보이시오.

$$\frac{g(n,k)}{3^{n-}\cdot(3^n-1)/2} = \frac{l(n,k)}{(3^n-1)/2}$$

즉, k가지의 속성이 일치하는 SET의 비율은 전체적으로나 부분적으로나 일치하게 된다.

6.3. 2장에서 교차SET이란 공통 카드를 포함하는 2개 SET에서 그 공통 카드를 뺀 네 장의 카드의 모임으로 정의했었다. n가지의 속성 SET 게임에는 얼마나 많은 교차SET이 존재하는가? [**힌트** : 2장에서의 계산 방법을 사용하여라.]

> 다음 두 문제는 **이항정리(binomial theorem)**를 필요로 한다.
> $$(x+y)^n = \sum_{k=0}^{n} \binom{n}{k} x^{n-k} y^k$$

6.4. (작은 수에 대한 이항정리)

    a. $n=2$인 경우 이항정리는 우리에게 익숙한 공식인 $(x+y)^2 = x^2 + 2xy + y^2$이 된다. [그림 6.4]가 어떻게 이것을 보여주는지 설명하시오.

    b. $n=3$인 경우의 모델을 만들어보시오.
$$(x+y)^3 = x^3 + 3x^2y + 3xy^2 + y^3$$

    [**힌트** : 이 모델은 8개 삼차원 블록을 가지고 있어야 한다.]

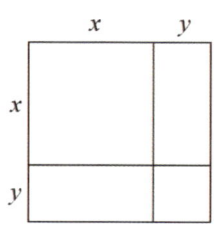

[그림 6.4] 그림으로 보는 증명: $(x+y)^2 = x^2 + 2xy + y^2$

6.5. n가지의 속성 SET 게임에서 $g(n) = 3^{n-1}(3^n - 1)/2$는 전체 SET의 개수였다.

a. 큰 n에 대하여 $g(n+1) \approx 9 \times g(n)$임을 보이시오. (예를 들면 $g(10) = 9.0003 \times g(9)$이다.)

b. k가지의 속성이 일치하는 SET의 개수들을 합친 것이 전체 SET의 개수가 된다는 사실을 이항정리를 사용하여 보이시오.

$$\sum_{k=0}^{n-1} \binom{n}{k} 3^{n-1} 2^{n-k-1} = g(n)$$

c. (b)의 부분세기 버전도 성립함을 대수적으로 보이시오. n가지의 속성 SET 게임에서 한 장의 카드 C를 뽑으시오. C를 포함하는 k가지의 속성이 일치하는 SET의 총 개수는 $l(n,k) = \binom{n}{k} 2^{n-k-1}$이고, C를 포함하는 전체 SET의 개수는 $(3^n - 1)/2$이다. 다음을 보이시오.

$$\sum_{k=0}^{n-1} l(n,k) = \frac{3^n - 1}{2}$$

[**힌트** : (b)를 이용하시오.]

6.6. q-이항계수 $\begin{bmatrix} n \\ k \end{bmatrix}_q$에 대한 다음 사실을 증명하시오. [참고사항: 벡터 공간을 이용하여 똑똑하게 증명하는 방법이 있다. 스스로 시도해보기 바란다.]

a. $\begin{bmatrix} n+1 \\ k \end{bmatrix}_q = q^k \begin{bmatrix} n \\ k \end{bmatrix}_q + \begin{bmatrix} n \\ k-1 \end{bmatrix}_q$.

[**힌트** : $\begin{bmatrix} n \\ k \end{bmatrix}_q$의 공식을 쓰고 많이 계산하라.]

b. $\begin{bmatrix} n \\ k \end{bmatrix}_q = \begin{bmatrix} n \\ n-k \end{bmatrix}_q$.

[**힌트** : 또 공식을 쓰고 미친 듯이 소거하라.]

c. q를 변수로 간주했을 때 $\begin{bmatrix} n \\ k \end{bmatrix}_q$는 차수가 $k(n-k)$인 q에 대한 다항식이 됨을 보이시오.

[**힌트** : (a)와 수학적 귀납법을 사용하시오.]

d. $q=1$을 $\begin{bmatrix} n \\ k \end{bmatrix}_q$에 대입하면 이항계수 $\binom{n}{k}$가 됨을 보이시오.

[**힌트** : (a)와 수학적 귀납법을 사용하시오.]

6.7. (수 세기 문제 아님) n가지의 속성 게임에서 다음 개수를 찾으시오.
  a. SET을 이루지 않는 세 장의 카드 수는 모두 얼마인가?
  b. 같은 평면 위에 놓이지 않은 네 장의 카드 수는 모두 얼마인가?
  c. (a)와 (b)의 답을 최대한 간단하게 정리한 후, SET, 평면, 삼차원 초평면을 포함하지 않는 $k(k \leq n+1)$장의 카드 개수의 일반적인 공식을 깔끔한 형태로 구하시오. 이러한 점들은 **일반적인 위치**(general position)에 있다고 한다.

  [**힌트** : 6.5.1절의 논증을 살펴보시오.]

6.8. 4가지의 속성 SET 게임에서 한 장의 카드를 꺼내고, 그 카드를 포함하는 SET을 하나 뽑고, 그 SET을 포함하는 평면을 하나 뽑고, 그 평면을 포함하는 초평면을 하나 뽑으시오. 이 카드-SET-평면-초평면 순서의 수열은 **깃발**(flag)이라 불린다.
  a. 4가지의 속성 SET 게임에서 서로 다른 깃발은 총 몇 개가 있는가?
  b. n가지의 속성 게임에서 깃발 개수의 공식을 구하시오.

6.9. 인접 세기(또는 6.5절에서 개발한 방법)를 이용하여 다음을 구하시오.

  a. n가지의 속성 게임에서 주어진 카드를 포함하는 평면의 개수는 얼마인가?

  b. n가지의 속성 게임에서 주어진 SET을 포함하는 평면의 개수는 얼마인가?

  c. 더 큰 문제를 탐구해 보는 것은 어떨까.
  $0 \leq d \leq k \leq n$에 대해 d차원 초평면을 포함하는 k차원 초평면의 개수는 얼마인가?

프/로/젝/트

6.1. 당신이 카드 전체를 한 쪽에는 k장, 다른 쪽에는 $81-k$장의 두 묶음으로 나누었다고 하자. 얼마나 많은 SET이 두 묶음과 모두 만나는가, 즉 얼마나 많은 SET이 각 묶음에서 최소한 한 장씩을 포함하고 있는가?

이에 대한 답은 빠르게 얻을 수 있지만, 여기에서 흥미로운 결과들이 도출된다. 양쪽 묶음에서 카드를 가지고 있는 SET을 **횡단 SET(crossing SET)**이라 부르자. 횡단 SET의 개수를 구하려면 양쪽에서 한 장씩 카드를 뽑아야 한다. 이 방법으로 횡단 SET이 결정되지만, 이 과정에 의하면 하나의 횡단 SET이 두 번씩 세어지는데, 왜냐하면 한쪽에 SET의 두 장의 카드가 놓이는 경우는 동일한 횡단 SET을 이루기 때문이다.

  a. n가지의 속성 게임으로 일반화하라. 3^n장의 카드를 두 묶음으로 나누어라. $cr(n,k)$를 한 쪽에 k장, 다른 쪽에 $3^n - k$장이 있을 때의 횡단 SET의 개수라 두자. 그러면

$$cr(n,k) = \frac{k(3^n - k)}{2}$$

가 성립한다. 횡단 SET의 아이디어는 Macula로부터 비롯되었다. 그는 자신의 논문 ⟨*An analysis of the lines in the three-dimensional affine space over F_3*⟩, **Ars Combinatorica 52** (1999), 161-171에서 위와 동치인 공식을 유도하였다. (더욱 최근에는 Jim Vinci가 비슷한 공식을 SET 공식 웹페이지의 Teachers' Corner에 올렸다.)

> 도출되는 사실: 이 공식을 이용하면 이번 장에서 증명했던 여러 가지 공식을 다시 보일 수 있다.

b. $cr(n,k)$ 공식을 이용하여 주어진 카드를 포함하는 SET의 개수가 $(3^n - 1)/2$임을 보이라. 이 결과는 이번 장에서 우리가 한 계산과 일치한다.

c. $cr(n,k)$ 공식을 이용하여 주어진 SET과 만나는 SET의 개수가 $3 \times (3^n - 3)/2$임을 보이라. 이 결과도 이번 장에서 우리가 한 계산과 일치한다.

d. 횡단 SET의 개수는 양쪽에 놓는 카드들의 종류에는 의존하지 않고, 단지 양쪽에 놓는 카드 수에만 의존한다. 이 아이디어를 활용해 다음을 보이시오. S를 SET을 이루지 않는 세 장의 카드로 하자. S와 만나는 SET의 개수는 여전히 $3 \times (3^n - 3)/2$임을 보이라.

e. 81장으로 하는 보통 게임에서, 12장의 카드가 배열된 후에 남은 69장의 카드에 있는 SET의 최댓값과 최솟값을 구하시오. [**힌트**: 배열된 12장의 카드를 잘 생각해보자.]

f. 서로 만나지 않는 두 SET S와 T를 고르자. (그러므로 $n \geq 2$) S나 T(혹은 둘 다)와 만나는 SET의 개수는 $3^{n+1} - 18$임을 보이시오. (이 공식은 두 SET이 한 평면에 놓이는지 여부에 상관없이 성립한다는 것에 주목하자.)

g. 서로 만나지 않는 세 SET과 만나는 SET의 개수에 대한 공식이 있는가? 여기에 이 질문에 대한 답을 하는 방법을 소개한다.

- [그림 6.5]와 같이 한 평면에 놓인 3개 SET을 고르고, 우리가 4가지의 속성 SET 게임을 하고 있다고 가정하

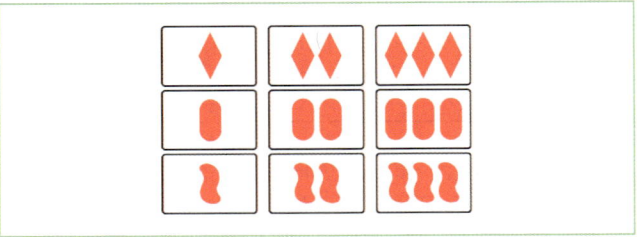

[그림 6.5] 서로 만나지 않는 3개 SET이 평면을 이룬다.

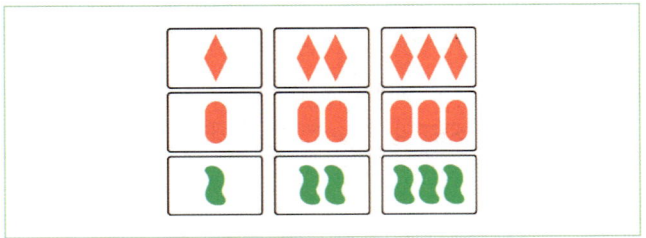

[그림 6.6] 두 쌍씩 같은 평면에 놓여있는 3개 SET

자. (이 문제에서 어떤 서로 만나지 않는 3개 SET을 골랐는지는 상관이 없다.)
이 세 SET 중 하나와 만나는 SET의 개수가 333개(주어진 세 개의 SET은 제외함)임을 보이시오. 그런 후 n가지의 속성 게임에서 주어진 3개 SET이 평면을 이루는 경우 일반적인 공식이 $9(3^n - 7)/2$임을 보이시오.

- [그림 6.6]의 3개 SET에 대해 이전의 계산을 다시 하시오. 이 세 SET 중 하나와 만나는 SET의 개수가 324개(주어진 세 개의 SET은 제외함)임을 보이시오. 이번에는 일반적인 공식이 $9(3^n - 9)/2$이다. 이것은 두 쌍씩은 같은 평면에 놓여 있지만, 그들이 평면을 이루지는 않는다고 가정한 것이다.

이로부터 서로 만나지 않는 3개 SET 문제에서는 일반적인 공식이 존재하지 않음을 결론을 내리시오. 4가지의 속성 게임에서는 324가 주어진 SET 중 하나와 만나는 가장 작은 SET의 개수이고 333이 가장 큰 개수임을 보이시오.

h. S를 $2 \times 3^{n-1}$장의 카드 모임이라 두자. S에는 적어도 $3^{n-2}(3^{n-1}-1)$개 SET이 있음을 보이시오.

CHAPTER
07

확률과 통계

보드게임 SET에 담긴 수학 ②

7.1 서론

우리는 6장에서 n가지의 속성 게임과 관련된 모든 종류의 수 세기 문제의 답을 구하였다. 이번 장에서는 이 답 중 일부를 활용하여 확률과 기댓값을 계산하는 것에 대한 답을 구할 것이다. 확률과 기댓값에 관한 질문들은 SET 게임을 하는 동안 자연스럽게 떠오르게 된다. 우리는 먼저 동기를 유발하는 예로 시작하려 한다.

7.1.1. 세 장의 카드를 뽑자. SET이 되는가?

n가지의 속성 게임에서 랜덤하게 뽑은 세 장의 카드가 SET을 이룰 확률은 얼마인가? 우리가 사건의 확률을 사건이 일어날 경우의 수에서 전체 가능성의 개수를 나누어서 계산했다는 것을 기억하자.

3장에서 우리는 4가지의 속성 게임으로 이 질문에 대한 답(1/79이다)을 하였다. 이를 n가지의 속성 게임으로 일반화하려면 6장에서 구한 두 가지 수 세기 결과가 필요하다. 분수로 나타낼 때, 분자는 n가지의 속성 게임에서의 전체 SET의 개수인 $3^{n-1}(3^n-1)/2$이며, 분모는 전체 카드에서 세 장을 임의로 뽑는 경우의 수이므로 $\binom{3^n}{3} = 3^n(3^n-1)(3^n-2)/6$이다. 그러므로 세 장의 뽑힌 카드가 SET을 이룰 확률은 다음과 같다.

$$\frac{\text{SET의 개수}}{\text{3장의 카드를 뽑는 경우의 수}} = \frac{3^{n-1}(3^n-1)/2}{3^n(3^n-1)(3^n-2)/6} = \frac{1}{3^n-2}$$

> 보드게임 SET에
> 담긴 수학 2

보통 확률은 계산하는 또 다른 방법이 있을 때가 많다. 3장에서 본 바와 같이 임의로 뽑은 세 장의 카드가 SET을 이룰 확률을 구하려면, 먼저 두 장의 카드가 뽑혔다고 생각하자. 그렇다면 남은 카드 $3^n - 2$ 중에서 단 한 장만 두 장의 카드와 SET을 이루기 때문에, 세 장의 카드가 SET을 이룰 확률은 $1/(3^n - 2)$가 된다.

이 확률들은 n이 커질 때 빠르게 0으로 수렴한다. 예를 들어, 6가지의 속성 게임에서는 임의로 뽑은 세 장의 카드가 SET이 될 확률은 $1/(3^6 - 2) = 0.0013755... \approx 0.14\%$이다. [표 7.1]에는 속성이 $n \leq 8$일 때에 대하여 확률을 나열하였다.

[표 7.1] 속성이 $n(n \leq 8)$가지인 게임에서 랜덤한 세 장의 카드가 SET이 될 확률

n	1	2	3	4	5	6	7	8
확률	100%	14%	4%	1.27%	0.4%	0.14%	0.04%	0.015%

이 계산은 보통의 4가지의 속성 게임에서 랜덤하게 뽑은 세 장의 카드들이 SET을 이룰 확률이 약 1.3%임을 알려준다. 이것은 당신이 게임을 할 때 세 장의 카드를 단지 뽑기만 했다면 이 카드들이 SET이 되기를 기대할 수 없다는 것을 의미하는데, 확률이 대단히 낮기 때문이다. 반면에 이것은 대략 79번 정도 카드를 펼쳐 놓을 때, 세 장의 카드가 한 번 정도 SET을 이룬다는 것을 의미한다. 일반적인 게임에서는 당신이 카드를 23번 정도 펼치기 때문에, 세 번이나 네 번 게임을 할 때 한 번꼴로 SET을 이룬다고 기대할 수 있다는 것을 의미한다.

7.1.2 기댓값 문제

이 게임이 도전적이면서 빠르게 진행[14]되는 한 가지 이유는 12장의 카드 배열에 적은 수의 SET이 있기 때문이다. 평균적으로 12장의 첫 카드 배열에는 몇 개 SET이 있는가?

3장에서 우리는 **기댓값의 선형성**(linearity of expected value)을 소개하며 4가지의 속성 게임에서의 답을 찾을 수 있었다. 이를 일반화하기 위해, 우리가 n가지 속성 게임을 하고 카드 첫 배열로 m장의 카드가 있다고 가정한다면, 세 장의 카드를 뽑는 경우의 수는 총 $\binom{m}{3}$이고, 이 세 장의 카드들이 SET이 될 확률은 위에 의해 $1/(3^n - 2)$이다. 이것으로부터 우리는 평균적으로 $\binom{m}{3}/(3^n - 2)$개를 기대할 수 있다.

여기에서 이 결과에 대한 응용을 하나 제시한다. 우리가 7가지의 속성 게임을 하려 하는데, 우리가 첫 카드 배열에서 여전히 2.78개 정도의 SET이 있기를 기대한다고 하자. 그렇다면 몇 장의 카드가 배열되어야 하는가? 우리는 다음 방정식을 풀어야 한다.

$$\binom{m}{3}\frac{1}{3^7 - 2} = 2.78$$

$\binom{m}{3} = m(m-1)(m-2)/6$이므로, 우리는 대수를 이용하여 방정식을 다음과 같이 쓸 수 있다.

$$m^3 - 3m^2 + 2m - 36445.8 = 0$$

삼차방정식을 푸는 것이 소풍만큼 쉬운 일은 아니지만[15] 컴퓨터

---

14) 누가 게임을 하느냐에 따라 달라진다.

대수 계산 프로그램(우리는 Mathematica를 사용하였다)을 활용하면 쉽게 구할 수 있다. 우리는 3개 해를 구했는데, 소수점 아래 첫 번째 자리에서 반올림하였다.

$$m \approx -15.6 - 28.7i, \ -15.6 + 28.7i, \ 34.2$$

첫 2개의 해는 복소수로, 허수 $i = \sqrt{-1}$를 포함하고 있다. 수학에서 복소수가 무엇이며 어떻게 등장하는지에 대해 제시하는 것은 너무 과도한 배경지식을 요구하기 때문에, 여기에서는 이 두 복소수는 해가 아니라고 두겠다. 그러므로 평균적으로 2.78개 **SET**을 기대하기 위해서는 첫 카드 배열에서 34.2장의 카드를 두어야 한다고 결론지을 수 있다.

물론 소수 개수만큼의 카드를 배열하는 것은 불가능[16]하다. 우리는 목적을 이루는 데 필요한 대략적인 카드 수를 $2 \leq n \leq 10$에 대해 [표 7.2]에서 제시하였다.

[표 7.2] 첫 카드 배열에서 약 2.78개 SET을 보장받기 위해 필요한 카드의 수

속성 수	2	3	4	5	6	7	8	9	10
첫 배열의 카드 수	6	8.5	12	16.9	24	34.2	48.8	70	100.5

---

15) 당신이 소풍을 즐기고, 삼차방정식 풀이는 즐기지 않는다고 가정하였다. 일반적인 삼차방정식은 유명한 **카르다노 공식(Cardano formulas)**를 이용하여 정확하게 풀 수 있는데, 이는 이차방정식의 근의 공식을 일반화한 것으로 16세기 초에 발견되었다. 이것은 카르다노가 발견한 것이 아니다.

16) 음, 사실 가능하기는 하지만, 별로 권하지는 않는다.

마지막으로, 2.78이라는 수에는 특별한 점이 없다. 사실 7가지의 속성 게임을 하기 위해서 35장의 카드를 처음에 배열하여 평균 2.78개 SET이 있도록 하는 게임은 실제로 진행하기에는 너무 어려울 수도 있다.[17] 연습문제 7.3에서는 이 문제에 대한 또 다른 접근 방법을 소개한다.

---

17) 솔직히, 당신이 77-지의 속성 게임을 한다면, 이것보다 더 어려운 도전들이 기다리고 있을 것이다.

보드게임 SET에
담긴 수학 2

7.2 k 가지의 속성이 같은 SET의 개수에 대한 통계

n가지의 속성 게임에서 전형적인 SET은 어떻게 보이는가? 우리는 이 막연한 질문을 두 가지 방법으로 해석할 것이다.

> **Q1**
> n가지의 속성 게임에서 랜덤하게 SET을 하나 뽑았다. 뽑힌 SET 의 k가지의 속성이 같을 확률은 얼마인가?
>
> **Q2**
> SET을 랜덤하게 하나 뽑았을 때, 같은 속성의 개수의 기댓값은 얼마인가?

우리는 Q1부터 시작할 것인데, SET이 정확히 k가지의 속성이 같을 확률 $P(n,k)$을 찾을 것이다. 이것은 전체 SET의 개수에 대한 구하고자 하는 SET 개수의 비율이 된다. 6장에서 우리는 k가지의 속성이 같은 SET의 개수가

$$g(n,k) = \binom{n}{k} 3^{n-1} 2^{n-k-1}$$

이 된다는 사실을 보였다. 이 식을 분자에 넣고, 전체 SET의 개수인 $3^{n-1}(3^n-1)/2$를 분모에 넣으면, 약간의 계산을 하여 Q1의 정확한 답을 구할 수 있다.

📝 랜덤하게 뽑은 SET에서 k가지의 속성이 같을 확률은 다음과 같다.

$$P(n,k) = \binom{n}{k} \frac{2^{n-k}}{3^n - 1}$$

[표 7.3] 랜덤하게 뽑은 SET에서 k가지의 속성이 같을 확률

	$k=0$	$k=1$	$k=2$	$k=3$	$k=4$	$k=5$	$k=6$	$k=7$
$n=1$	100%	-	-	-	-	-	-	-
$n=2$	50%	50%	-	-	-	-	-	-
$n=3$	30.7%	46.2%	23.1%	-	-	-	-	-
$n=4$	20%	40%	30%	10%	-	-	-	-
$n=5$	13.2%	33.1%	33.1%	16.5%	4.1%	-	-	-
$n=6$	8.8%	26.4%	33%	22%	8.2%	1.6%	-	-
$n=7$	5.8%	20.5%	30.7%	25.6%	12.8%	3.8%	0.6%	-
$n=8$	3.9%	15.6%	27.3%	27.3%	17%	6.8%	1.7%	0.2%

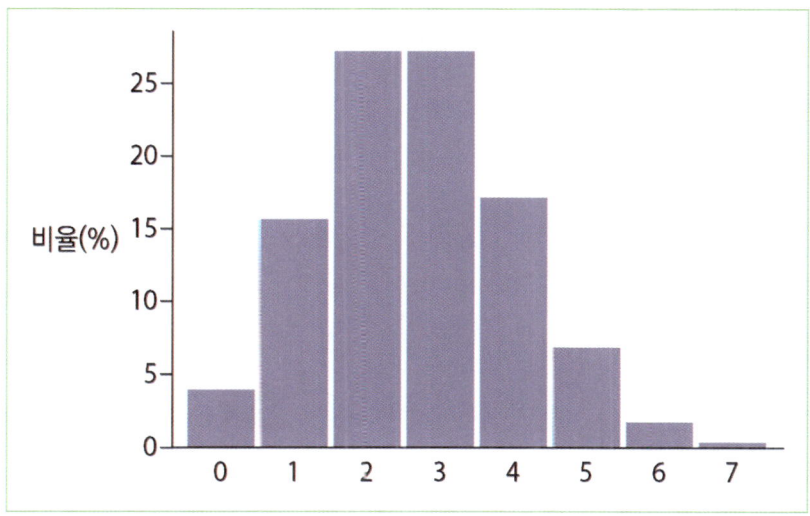

[그림 7.1] 8가지의 속성 게임에서 k가지의 속성이 같은 SET의 비율. $k=2$와 $k=3$일 때 공동으로 최댓값을 가진다는 것에 주목하자. 평균값은 2.66인데, 이는 그래프의 가로축의 "균형점(balance point)"이 된다.

우리는 $P(n,k)$의 값을 [표 7.3]에 제시하였다. 4번째 줄에 깔끔하게 나온 20%, 40%, 30%, 10%는 우리가 이전에 계산했던 결과와 일치한다는 것에 주목하자. 그러므로 예를 들어 일반적인 4가지의 속성 게임에서는 **SET**이 하나의 속성이 같고 3가지의 속성이 다를 확률은 40%가 된다.

당신이 데이터를 시각화하는 것을 좋아한다면 (그리고 그래야 한다) [그림 7.1]의 8가지의 속성 게임의 그래프를 확인해 보자.

Q2에 대해서는, 우리는 같은 속성의 개수에 대한 기댓값을 알아내야 한다. 먼저 우리가 잘 알고 사랑하는 4가지의 속성 게임에 대해 시작해 보자. 216개 **SET**에는 같은 속성이 0개이고, 432개는 1가지의 속성이 같고, 324개는 2개가 같으며, 108개는 3개가 같다. 이로부터 다음을 얻는다.

$$기댓값 = \frac{216 \times 0 + 432 \times 1 + 324 \times 2 + 108 \times 3}{1080} = \frac{13}{10} = 1.3$$

우리가 앞으로 구할 것은 n가지의 속성 게임에서 같은 속성의 개수에 대한 기댓값에 대한 정확한 공식이다. 이를 위해 (연습문제 6.4와 6.5에서 소개한다.) 이항정리가 필요하다.

> **이항정리(Binomial Theorem)**
> $$(x+y)^n = \binom{n}{0}x^n + \binom{n}{1}x^{n-1}y + \binom{n}{2}x^{n-2}y^2 + \cdots + \binom{n}{n}y^n.$$

이제 우리가 공식을 찾을 준비가 되었다. 공식을 찾는 방법은 다음과 같다.

1. 기댓값을 a_n이라 두자. 그러면 기댓값은 다음과 같이 주어진다.

$$\frac{0 \times g(n,0) + 1 \times g(n,1) + 2 \times g(n,2) + \cdots + (n-1) \times g(n,n-1)}{3^{n-1}(3^n-1)/2}$$

2. 우리는 6장에서 얻은 공식 $g(n,k) = \binom{n}{k}3^{n-1}2^{n-k-1}$과 약간의 대수 계산을 이용하여 다음 합을 간단히 할 것이다.

$$a_n = \frac{0 \times \binom{n}{0}2^n + 1 \times \binom{n}{1}2^{n-1} + 2 \times \binom{n}{2}2^{n-2} + \cdots + (n-1) \times \binom{n}{n-1}2^1}{3^n - 1}$$

여기에서 우리는 분수의 분자를 간단하게 표현하기 위해 시그마 기호를 사용하겠다.

$$0 \times \binom{n}{0}2^n + 1 \times \binom{n}{1}2^{n-1} + 2 \times \binom{n}{2}2^{n-2}$$
$$+ \cdots + (n-1) \times \binom{n}{n-1}2^1$$
$$= \sum_{k=0}^{n-1} k\binom{n}{k}2^{n-k}$$

만일 $\sum_{k=0}^{n-1} k\binom{n}{k}2^{n-k}$ 기호가 당신에게 낯설다면, 이 식은 아주 무섭게 보일 수도 있을 것이다.[18] 하지만 큰 $\sum$ 기호는 단지 "많은 항을 더하라"는 뜻으로, 더하는 각각의 항은 k값이 0부터 $n-1$까지 변하는 것에 대응한다.

3. 공식을 간단히 하기 위해 이항정리를 사용하겠다.[19] 우리는 분자 $T = \sum_{k=0}^{n-1} k\binom{n}{k}2^{n-k}$에만 집중할 것인데, (이항정리와 미분[20]을 이용하여) T에 대한 (거의 정확한) 공식을 얻을 것이다.

---

18) 그런가?
19) 혹은 컴퓨터 대수 패키지를 사용할 수도 있다. 하지만 손으로 직접 하는 것이 더 재미있다. 그렇지 않겠는가?
20) 당신이 미분을 배우지 않았다면, 우리의 계산을 그냥 믿어라. 혹은 대

- 먼저 $y = 2$를 이항정리 $(x+y)^n = \sum_{k=0}^{n} \binom{n}{k} x^k y^{n-k}$에 대입하면 다음을 얻는다.

$$(x+2)^n = \sum_{k=0}^{n} \binom{n}{k} x^k 2^{n-k}$$

- 왼쪽과 오른쪽을 x에 대해 미분한다.

$$n(x+2)^{n-1} = \sum_{k=0}^{n} k \binom{n}{k} x^{k-1} 2^{n-k}$$

- 이제 $x = 1$을 대입한다. 그 결과는 다음과 같다.

$$n(1+2)^{n-1} = \sum_{k=0}^{n} k \binom{n}{k} 1^{k-1} 2^{n-k}$$

이를 정리하면 다음과 같다.

$$n \times 3^{n-1} = \sum_{k=0}^{n} k \binom{n}{k} 2^{n-k}$$

iv. 거의 다 왔다. $\sum_{k=0}^{n} k \binom{n}{k} 2^{n-k}$은 T와 **거의** 같다. 유일한 문제는 $k = n$일 때의 항이 T에서는 나타나지 않는다는 것이다. (이는 n가지의 속성이 같은 SET이 나올 수 없기 때문인데, 이 경우는 똑같은 카드 세 장이 된다.)

안적인 방법인 연습문제 7.2를 탐색해 보자.

$$n \times 3^{n-1} = \left(\sum_{k=0}^{n-1} k \binom{n}{k} 2^{n-k}\right) + n\binom{n}{n}2^{n-n} = T + n$$

T에 대해 풀면 $T = n(3^{n-1} - 1)$을 얻는다.

v. 이제 T에 대한 식을 알기 때문에, 기댓값 a_n에 대한 공식을 얻을 수 있다. 같은 속성의 개수에 대한 기댓값은 다음과 같다.

$$a_n = \frac{T}{3^n - 1} = \frac{n(3^{n-1} - 1)}{3^n - 1}$$

연습문제 7.1에서는 기댓값의 선형성을 사용하여 (대단히 교묘하게) 공식을 유도하는 다른 방법을 제시하였다. [표 7.4]는 랜덤하게 뽑은 SET이 가진 같은 속성의 개수에 대한 기댓값을 요약해 두었다.

같은 속성의 개수에 대한 기댓값은 대단히 천천히 증가한다. 사실 n이 1만큼 커질 때 같은 속성의 개수에 대한 기댓값은 대략 $\frac{1}{3}$만큼만 증가하고 있다. 우리는 이에 대해 다음 절에서 자세히 살펴볼 것이다.

[표 7.4] n가지의 속성 게임에서 랜덤하게 뽑은 SET이 가진 같은 속성의 개수에 대한 기댓값

n	1	2	3	4	5	6	7	8	9	10
기댓값	0	0.5	0.92	1.3	1.65	2.00	2.33	2.67	3.00	3.33

보드게임 SET에 담긴 수학 2

7.3 코인 던지기, SET, 그리고 중심극한정리

7.2절의 두 질문 Q1과 Q2는 전형적인 **SET**이 어떠한가에 대한 정보를 준다. 그러나 우리는 이러한 질문들을 새롭게 진술할 수 있으며, 그렇게 함으로써 결국 n가지의 속성 게임과 코인 던지기 사이의 예상치 못한 관련성을 찾을 수 있게 된다.

Q1과 Q2에 대한 새로운 진술은 카드를 카드 묶음에서 뽑는 것과 관련된다. 당신과 당신의 친구 수미코가 n가지의 속성 카드 묶음에서 각각 한 장의 카드를 뽑아 서로 비교한다고 가정하자.

Q3
두 카드가 정확히 k가지의 속성만 같을 확률은 얼마인가?

Q4
두 장의 카드에서 같은 속성의 개수의 기댓값은 얼마인가?

하지만 이 두 질문은 우리가 7.2절에서 보았던 것과 똑같은 것들이다. Q1과 Q3는 임의의 n과 $k(k<n)$에 대해 같고, Q2와 Q4는 임의의 n에 대해 같다. 왜 그런가? 두 가지 이유가 있는데, 모두 당신에게 친숙할 것이다.

- 모든 두 장의 카드는 유일한 SET을 결정한다. (기본정리)
- SET에 있는 두 장의 카드가 정확히 k가지의 속성이 같다면 SET에 있는 모든 카드는 k가지의 속성이 같다.

이것은 기본정리의 유산으로 생각할 수도 있다. 우리가 두 장의 카드를 알고 있다면, 항상 SET을 이루는 세 번째 카드에 대한 모든 것을 알 수 있다.

질문 Q3과 Q4를 생각하는 것의 장점은 우리가 카드 묶음에서 두 장의 카드를 **비복원추출**(without replacement)하고 있다는 것이다. 사람들은 확률을 연구할 때 **복원추출**(with replacement)과 **비복원추출**을 구분한다. 항상 첫 번째 상황이 계산하기 쉬운데, 일단 카드를 뽑고 나면 두 번째 뽑는 상황은 처음 뽑은 것과 **독립**(independent)이라 생각할 수 있으며, 이는 대단히 좋은 성질들을 보장한다. 하지만 여기에서는 **비복원추출**을 하고 있다. 일단 카드를 뽑고 나면 그 카드를 가지고 있는다. 수미코의 선택은 당신이 뽑은 것에 **의존**(depend)한다. 그녀는 당신이 뽑은 카드를 다시 뽑을 수 없다.

7.3.1 근사 확률

만일 우리가 **복원추출**로 문제를 풀려고 한다면 어떤 일이 생기는가? 우리는 잘못된 확률을 얻게 되겠지만, 그 값은 우리가 7.2절에서 구한 정확한 확률에 대단히 가까울 것이다. 사실 n이 충분히 크면, 정확한 확률과 근사 확률의 차이는 정말 정말 작다. 곧 보게 될 것이다.

보드게임 SET에
담긴 수학 2

복원추출로 문제를 해결할 때는 먼저 카드 묶음에서 랜덤하게 카드를 한 장 뽑은 후, 그 카드를 다시 집어넣은 후, 수미코가 그녀의 카드를 뽑는다.

 ## Q3의 근사 확률

1. (n가지의 속성 중에서) 두 장의 카드가 같은 속성을 k개 가질 경우를 생각하자. 이러한 k가지의 속성을 뽑는 것은 $\binom{n}{k}$가지 경우가 있다.
2. 이제 다른 속성들을 뽑자. 각각의 서로 다른 $n-k$가지의 속성마다 두 가지 선택이 있다. 예를 들어, 만일 당신의 카드가 빨강이었다면, 그리고 색깔이 서로 같지 않은 속성 중 하나였다면, 수미코의 카드는 초록이나 보라였을 것이다. 각각의 $n-k$가지의 속성에 대해 두 가지 선택이 있으므로, 우리는

[표 7.5] 8가지의 속성 SET 게임에서 랜덤하게 뽑은 SET이 정확히 k가지의 속성이 같을 정확한 확률과 근사 확률

k	근사 확률	정확한 확률	차이
0	0.0390184	0.0390244	5.9479×10^{-6}
1	0.156074	0.156098	0.0000237917
2	0.273129	0.273171	0.0000416355
3	0.273129	0.273171	0.0000416355
4	0.170706	0.170732	0.0000260222
5	0.0682823	0.0682927	0.0000104089
6	0.0170706	0.0170732	2.60222×10^{-6}
7	0.00243865	0.00243902	3.717458×10^{-7}

수미코가 서로 다른 $n-k$가지의 속성에서 카드를 고르는 2^{n-k}개만큼의 경우의 수가 존재한다.
3. 마지막으로, 수기코가 뽑는 전체 카드의 경우의 수는 3^n이므로, 그녀의 카드가 당신의 카드와 정확히 k가지의 속성만 일치할 확률은 $\binom{n}{k}\dfrac{2^{n-k}}{3^n}$이 된다.

우리의 근사 확률이 얼마나 정확한가? 7.2절에 의하면 우리는 정확한 확률값으로

$$P(n,k) = \binom{n}{k}\dfrac{2^{n-k}}{3^n-1}$$

을 알고 있었다. 우리의 근사 확률은 단지 $P(n,k)$의 분모인 3^n-1 항을 3^n으로 바꾼 것뿐이다. 정확한 확률과 근사 확률의 차이는 n이 커지면 거의 의미가 없어지게 된다. 예를 들어, $n=8$이면 임의의 k에 대해 근사 확률과 정확한 확률이 최소한 소수점 아래 네 자리까지는 일치하게 된다. [표 7.5]를 보자.

4가지의 속성 게임에서는 어떻게 되는가? 이 경우에도 우리의 근사 확률은 여전히 좋은 근삿값을 가진다. 구체적인 데이터는 [표 7.6]을 보자.

당신은 [표 7.5]와 [표 7.6]에서 무엇인가를 알아챌 수도 있을 것이다. 항상 근사 확률이 정확한 확률보다 조금 작다. 그 이유는 다음과 같다. 우리가 복원추출을 한다면 수미코의 카드가 당신의 카드와 모든 속성이 일치하여 같을 확률은 $\left(\dfrac{1}{3}\right)^n$이다. 하지만 수미코의 카드는 당신의 카드와 **반드시 달라야 하므로**, 이 확률은 0이 되어야 한다. 이 추가된 경우는 복원추출과 비복원추출 간의 차이를 드러내며, 이것은 근사 확률의 합이 100%보다 (살짝) 작게 된다는 것을 의미한다. 하지만 이 오차는 n이 커지면 대단히 작아지게 된다.

7.3 코인 던지기, SET, 그리고 중심극한정리

[표 7.6] 4가지의 속성 게임에서 두 장의 카드가 0, 1, 2, 3가지의 속성이 일치할 근사 확률과 정확한 확률

같은 속성의 개수	0	1	2	3
근사 확률	19.8%	39.5%	29.6%	9.9%
정확한 확률	20%	40%	30%	10%

이 방법은 기댓값에 대해서도 그대로 성립한다.

Q4의 근사 기댓값

Q4
당신의 두 카드에서 같은 속성 개수의 기댓값은 얼마인가?

여기에 이전과 마찬가지로 수미코가 카드를 뽑기 전에 당신의 카드를 되돌려 놓는다고 가정하고 구한 확률을 제시한다.

1. 수미코의 카드가 당신의 것과 첫 번째 속성이 일치할 확률이 $\frac{1}{3}$이고, 두 번째 속성도 $\frac{1}{3}$이며, 그 이후도 마찬가지이다.

2. 그러면 같은 속성의 개수의 기댓값은 단순히 다음과 같다.

$$\underbrace{\frac{1}{3} + \frac{1}{3} + \cdots + \frac{1}{3}}_{n\text{개}} = \frac{n}{3}$$

7.2절에서 우리는 정확한 값인 $a_n = n(3^{n-1} - 1)/(3^n - 1)$을 구했었다. 또다시 $n/3$은 아주 좋은 근삿값이 된다. 이를 보기 위해 a_n을 다음과 같이 표현하자.

$$a_n = \frac{n(3^{n-1} - 1)}{3^n - 1} = \frac{n}{3} \times \left(\frac{3^n - 3}{3^n - 1}\right)$$

n이 커지면 $(3^n - 3)/(3^n - 1)$은 1에 대단히 가까워지기 때문에, a_n은 $n/3$에 대단히 가깝게 된다. 우리는 $n \leq 10$일 때 기댓값의 정확한 값과 근삿값들을 [표 7.7]에 정리하였다.

[표 7.7] n가지의 속성 게임에서 랜덤하게 뽑은 SET이 가진 같은 속성의 개수의 (정확한 그리고 근사) 기댓값

n	근사	정확	차이	n	근사	정확	차이
1	0.333333	0	0.333333	6	2	1.99451	0.00549451
2	0.666667	0.5	0.166667	7	2.333333	2.3312	0.0021348
3	1	0.923077	0.0769231	8	2.666667	2.66585	0.000813008
4	1.333333	1.3	0.0333333	9	3	2.9997	0.000304847
5	1.666667	1.65289	0.0137741	10	3.333333	3.33322	0.000112902

7.3.2. 동전 던지기

우리가 Q3과 Q4의 근삿값들을 동전 던지기와 연관 짓기 전에, 잠시 배경지식을 복습할 시간을 가지기로 하자. 다음은 당신이 확률 강좌에서 만날 만한 문제이다.

> **질문**
> 동전을 10회 던진다. 정확히 6번 앞면이 나올 확률은 얼마인가?

보통의 답은 다음과 같다. 먼저 앞면이 6번 나오는 경우의 수는 $\binom{10}{6} = 210$가지가 있다. 우리가 이 210가지를 (이론적으로) 모두 나열해 보자.

앞앞앞앞앞앞뒤뒤뒤뒤, 앞앞앞앞앞뒤앞뒤뒤, ⋯,
뒤뒤뒤뒤앞앞앞앞앞앞

210가지 각각이 발생할 확률은 $\left(\frac{1}{2}\right)^{10}$이다. 각각의 사건은 **서로소(disjoint)**이므로, 정답은 $210 \times \left(\frac{1}{2^{10}}\right) \approx 20.5\%$ 이다.

Q3과 Q4를 동전 던지기와 연결 짓기 위해서는 우리는 무게가 불균형한 동전[21]을 써야 한다.

---

[21] 누군가 당신에게 무게가 불균형한 동전으로 도박할 기회를 제공한다면, 피하라.

Q3을 표현하는 동전 던지기

질문
무게가 불균형해 앞면이 나올 확률이 $\frac{1}{3}$이고 뒷면이 나올 확률이 $\frac{2}{3}$인 동전을 n번 던진다고 하자. 앞면이 정확히 k번 나올 확률은 얼마인가?

답은 이전과 비슷해 보인다. 앞면 자리를 k개 뽑는 경우의 수는 $\binom{n}{k}$ 가지이다. 앞면이 연달아 k번 나오고 뒷면이 연달아 $n-k$번 나올 확률은 $\left(\frac{1}{3}\right)^k \left(\frac{2}{3}\right)^{n-k}$ 이고, 이 확률은 앞면이 k번 나오고 뒷면이 $n-k$번 나오는 순서와 관계없이 항상 일정하다. 이것들을 결합하면 답으로 아래와 같은 식을 얻는다.

$$\binom{n}{k}\left(\frac{1}{3}\right)^k \left(\frac{2}{3}\right)^{n-k} = \binom{n}{k}\frac{2^{n-k}}{3^n}$$

이것은 7.3.1에서의 Q3의 답과 일치한다.

Q4를 표현하는 동전 던지기

Q4에서는 n번 던졌을 때 앞면이 나올 기댓값은 $n/3$이다. 이것은 7.3.1절에서 보았던 Q4의 근사 기댓값과 일치한다. 동전 던지는 모델을 이용하는 것의 주요한 장점은 k번 $(0 \leq k \leq n)$ 앞면이 나오는 비율이 통계학에서 (아주 잘 알려진) **이항분포**(binomial distribution)를 따른다는 것이다.

보드게임 SET에
담긴 수학 2

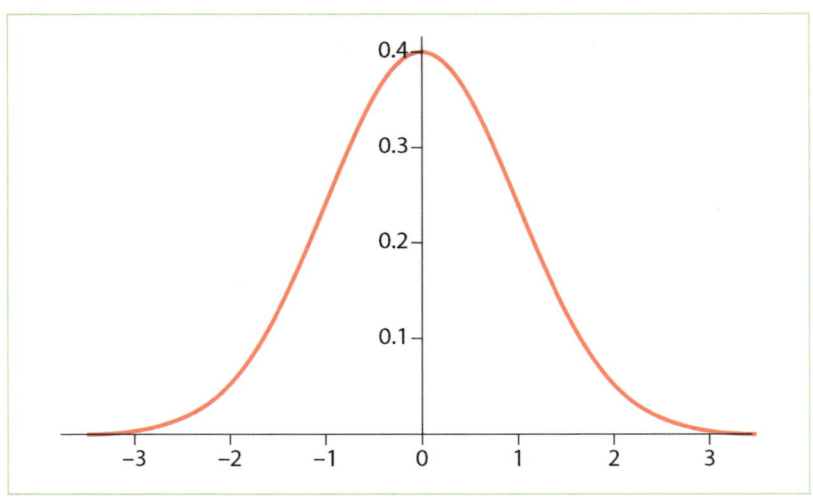

[그림 7.2] 표준정규분포곡선은 평균이 0이고 표준편차가 1이다. 곡선 밑의 넓이는 1이 된다.

7.3.3. 정규분포곡선

통계학에서 많은 데이터는 종 모양의 분포 곡선을 따르는데, 통계학자들은 이를 정규분포곡선(normal[22] curve)이라 부른다. 예를 들면, 미국의 모든 어른의 키의 분포는 이 곡선 모양에 대단히 가깝게 된다. 모든 정규분포곡선은 서로 닮음이다. 하나를 확대하거나 축소하면 임의의 정규분포곡선을 얻을 수 있다.

정규분포곡선은 두 가지 숫자로 완전히 결정된다. 평균과 표준

---

22) normal이라는 단어는 수학에서 과도하게 많이 쓰이고 있는데, 기하학에서는 normal vector, 해석학에서는 normal numbers, 대수에서는 normal subgroups, normal field extension, 위상수학에서는 normal space 등 예를 들면 끝이 없다. 하지만 통계학에서는 normal이 적절하게 쓰이고 있는데, 서로 다른 많은 분포 곡선이 근사적으로 normal curve를 따르기 때문에, normal(평범한)이라 할 수 있다.

편차. 표준편차는 곡선이 얼마나 펼쳐져 있는지를 보여주는 값이다. [그림 7.2]는 평균이 0이그 표준편차가 1인 정규분포곡선의 그래프를 보여준다.

이 분포 곡선에 대해 한 가지만 더 이야기하자. 대부분 데이터는 평균 근처에 모여 있다. 사실, 68%의 데이터들은 평균으로부터 표준편차 거리에 놓여 있고, 95%의 데이터들은 평균으로부터 두 배의 표준편차 거리에 놓여 있다. 우리는 이 사실을 다음 절에서, 동전 던지기를 정규분포곡선과 연관 지으며 사용할 예정이다.

7.3.4. 벨 곡선과 동전 던지기

(무게가 균형, 혹은 불균등한) 동전을 n번 던질 때, 앞면(혹은 뒷면)이 나오는 횟수의 확률분포는 대단히 좋은 성질을 가지고 있다. n이 충분히 크면, 이 분도는 정규분포에 가까워진다.

이것이 왜 성립할까? 이것은 확률과 통계의 가장 중요한 결과 중 하나인 **중심극한정리**(central limit theorem)으로부터 유도된다. 이 정리에 의하면 (균형 잡혔든 아니든 상관없는) 동전을 반복적으로 던지고 앞면이 나오는 횟수를 셀 때마다, 앞면이 나오는 횟수의 막대그래프는 종(bell) 모양의 곡선에 가까워진다. (사실 중심극한정리는 더 많은 이야기를 담고 있지만, 이를 탐구하는 것은 이 책의 범위를 넘어선다.)

일반적으로, 만일 n이 동전을 던지는 횟수이고 p가 쿨균형한 동전의 앞면이 나올 확률이면, $np > 10$이고 $n(1-p) > 10$이 성립할 때는 언제라도 정규분포로의 근사를 사용할 수 있다. 우리 경우에는 $p = \frac{1}{3}$이므로, $n > 30$일 때에는 이 근사를 확신하고 사용할 수 있다.

우리는 이번 절의 핵심 포인트를 예를 통해 요약하고자 한다.

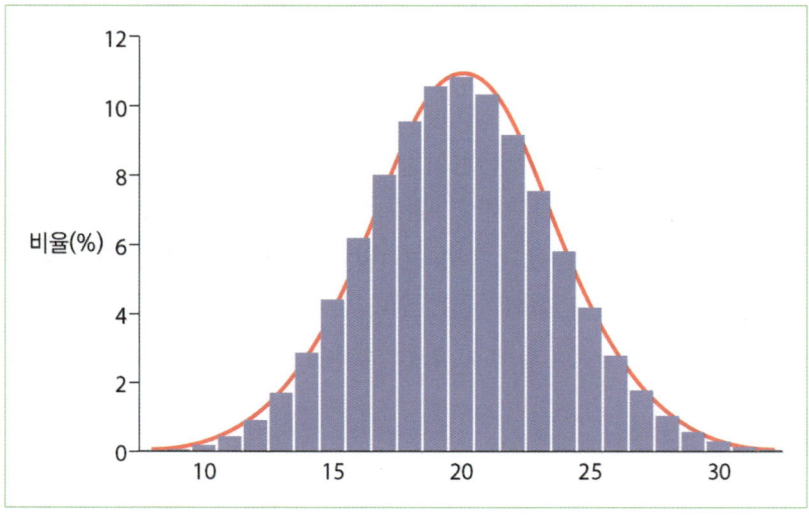

[그림 7.3] 60가지의 속성 게임에서 k가지의 속성이 같은 SET의 비율. 빨간 곡선은 종 모양의 정규분포 곡선인데, 평균은 20이며 표준편차(의 근삿값)는 3.65이다.

질문

60가지의 속성 게임에 대하여, 모든 SET 중에서 15개부터 25개까지의 속성이 같은 것들의 비율은 얼마나 되는가? [그림 7.3]을 빠르게 살펴보면, 당신은 "거의 다"가 답이 된다는 것을 확신할 수 있을 것이다.

우리는 이 질문을 두 가지 방법으로 해결할 것이다. 처음에는 정확한 값으로, 그 다음에는 근사적인 값으로.

1. **정확한 값** 먼저 n가지의 속성 SET 게임에서 랜덤하게 뽑은 한 SET이 k가지의 속성이 같을 확률은 $P(n,k) = \binom{n}{k} 2^{n-k} / (3^n - 1)$ 이다. 그러므로 정확한 답은 다음 합이 된다.

$$\binom{60}{15}\frac{2^{45}}{(3^{60}-1)} + \binom{60}{16}\frac{2^{44}}{(3^{60}-1)} + \cdots + \binom{60}{25}\frac{2^{35}}{(3^{60}-1)} = 86.9026\ldots\%$$

2. **동전 던지기를 이용한 근삿값** 다음으로 우리는 이항정리인 동전 던지기 모델을 이용해서 근삿값을 구하겠다. 이번에는 합이 다음과 같다.

$$\binom{60}{15}\frac{2^{45}}{3^{60}} - \binom{60}{16}\frac{2^{44}}{3^{60}} + \cdots + \binom{60}{25}\frac{2^{35}}{3^{60}} = 86.9023\ldots\%$$

이 두 값은 얼마나 가까운가? 우리는 근삿값과 정확한 값을 소수점 아래 28자리까지 계산하였으며, 그 차이는 인간이 신경 쓸 정도보다 작았다. (정규분포곡선은 또 다른 근삿값 계산 방법을 제공해 준다. 연습문제 7 6을 보자.)

우리는 이번 절을 n이 클 때 정규분포 근사를 통해 SET이 대부분 어떻게 되는가에 대한 정보를 얻는 논의로 마무리 짓고자 한다. 정규분포에 대해 잘 알려진 사실을 사용하면, SET 중 95%가 평균에서 표준편차의 두 배만큼 떨어진 안에서 같은 속성의 개수를 가지며, 거의 전부(약 99.7%)가 평균에서 표준편차의 세 배만큼 떨어진 안에서 같은 속성의 개수를 가진다.

당신은 이것을 [그림 7.4]에서 살펴볼 수 있는데, 이것은 k가지 이하의 속성이 같은 SET의 개수의 비율을 **누적분포함수(cumulative distribution function)**로 보여준 것이다. 이러한 함수는 항상 가로축이 왼쪽에서 오른쪽으로 이동할 때 세로축이 0 (아무것도 없는 경우)부터 1(모든 경우)까지 움직인다.

이것은 당신이 100가지의 속성 SET 게임[23]을 할 때는 많은 속성이 같거나 많은 속성이 다른 SET을 찾느라 너무 많은 시간을 허비할 필요가 없음을 의미한다. 이는 랜덤하게 뽑은 SET이 19개부터 47가지의 속성이 같을 확률이 99% 이상이기 때문이다. (사실, 100

---

23) 게임을 할 때 3^{100}장의 카드를 어디에 두어야 할까?

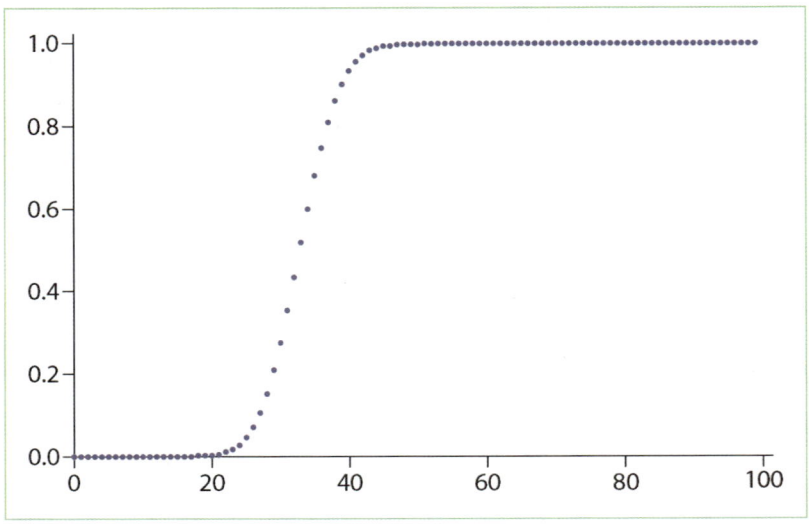

[그림 7.4] 100가지의 속성 게임에서 같은 속성의 개수가 k 이하인 SET의 비율에 대한 누적분포함수. 거의 모든 SET이 20개에서 40개 사이의 같은 속성을 지닌다.

가지의 속성 게임을 하느라 시간을 낭비하지 말기 바란다. 우리의 이전 계산에 의하면, 평균적으로 3개 SET이 테이블 위에 놓이려면 당신은 약 1.45689×10^{16}장의 카드가 필요할 것이다.)

7.4 중앙값과 최빈값: 미리보기

이제 우리는 n가지의 속성 게임에서 랜덤하게 뽑은 SET이 가진 같은 속성의 개수에 대한 기댓값을 알게 되었는데, 이는 거의 $\frac{n}{3}$이었다. 데이터 분석의 관점에서 보면, 이것은 우리에게 같은 속성 개수의 **평균(mean, average)**이 근사적으로 $\frac{n}{3}$이 된다는 것을 말해준다. **중앙값(median)** m이란 SET의 절반이 같은 속성을 m개 미만 가지고 있고, 나머지 절반은 m개보다 많이 가지고 있는 수를 의미하는데, 이때 중앙값은 얼마일까? **최빈값(mode)**이란 가장 빈번하게 나타나는 속성의 수를 의미하는데, 이때 최빈값은 얼마일까? 이 세 가지 수, **평균, 중앙값, 최빈값**은 데이터의 가운데를 알려주는 보편적인 수들이다.

[표 7.8] SET에서 같은 속성의 개수에 대한 평균, 중앙값, 최빈값

속성수	1	2	3	4	5	6	7	8	9	10
평균	0	0.5	0.9	1.3	1.7	2.0	2.3	2.7	3.0	3.3
중앙값	0	0.5	1	1	2	2	2	3	3	3
최빈값	0	0, 1	1	1	1, 2	2	2	2, 3	3	3

10가지의 속성 게임에서는 평균이 3.3, 중앙값이 3, 최빈값도 3(3가지의 속성이 같은 SET이 다른 수의 속성이 같은 것들보다 더 많다)이다. 데이터를 정규분포곡선에 가까이 근사시켰을 때의 한

가지 결과는, 평균과 마찬가지로, 중앙값과 최빈값도 모두 $n/3$에 대단히 가깝다는 것이다.

당신이 이러한 것들을 좋아한다면, 프로젝트 7.1에서 중앙값과 최빈값 공식을 찾는 자세한 방법을 즐길 수 있을 것이다. [표 7.8]에는 $n \leq 10$에 대하여 n가지의 속성 게임에서 SET이 가진 같은 속성의 개수에 대한 평균, 중앙값, 최빈값을 제시하였다.

우리는 당신이 다양한 질문을 하고, 패턴을 찾아보고, 이러한 패턴이 항상 성립하는지를 스스로 확인해 보기를 권한다. 예를 들어, 어떤 n에 대하여 중앙값과 최빈값이 일치하는가? 최빈값이 2개가 될 때는 언제인가? $n = 2$일 때에만 중앙값은 정수가 안되는가? ($n = 2$일 때 중앙값은 정수가 아닌데, 왜냐하면 정확히 절반의 SET에는 같은 속성이 없고, 나머지 절반에는 같은 속성이 1개 있기 때문이다.)

마지막으로, 4가지의 속성 SET에서, 우리는 20%의 SET이 공통된 속성이 없고, 40%는 오직 하나의 속성이 같고, 30%는 2가지의 속성이 같고, 10%는 3가지의 속성이 같았다. $P(n,k)$이 랜덤하게 뽑은 SET에서 k가지의 속성이 같을 확률이었음을 기억하자. 이 확률들을 증가하는 순서대로 쓰면 다음과 같다.

$$P(4,1) > P(4,2) > P(4,0) > P(4,3).$$

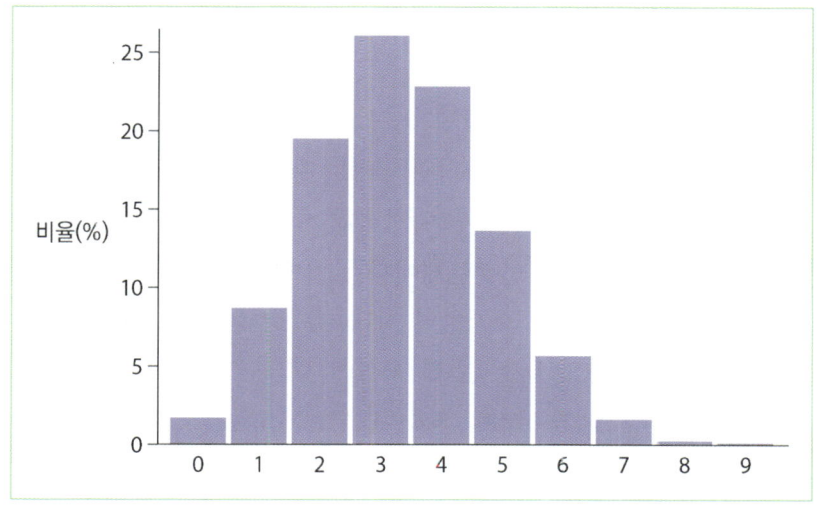

[그림 7.5] 10가지의 속성 게임에서 k가지의 속성이 같은 SET의 비율들을 높은 순서에서 낮은 순서로 배열하시오.

일반적인 n에 대해서는 어떠한가? 예를 들어, [그림 7.5]의 $n = 10$ 인 경우를 보면 이러한 확률들이 다음 순서를 따르고 있다는 것을 볼 수 있다. (여기에서 $P(10, k)$를 p_k로 표시하였다.)

$$p_3 > p_4 > p_2 > p_5 > p_1 > p_6 > p_0 > p_7 > p_8 > p_9$$

이 패턴[24]은 항상 성립하는가? 스스로 탐구해 보기를 권한다.

---

24) 여기에 "무슨 패턴"이 있느냐는 의문은 정말로 합리적인 질문이다.

연/습/문/제

7.1. 7.2절에서 우리는 n가지의 속성 게임에서 랜덤하게 뽑은 SET의 같은 속성의 개수의 기댓값 a_n을 나타내는 공식을 찾은 바 있다. 이번 연습문제에서는 기댓값의 선형성을 활용한 빠른 유도 과정을 소개하려 한다. 두 장의 카드 A와 B에 대하여, 만일 A와 B가 i번째 속성이 같으면 $X_i = 1$이고, 그렇지 않으면 $X_i = 0$이라 두자.

   a. 카드 A와 i번째 속성이 일치하는 카드 B의 개수를 세어, $P(X_i = 1) = (3^{n-1} - 1)/(3^n - 1)$임을 보이시오.

   b. $E(X_i)$를 X_i의 기댓값이라 두었을 때, $E(X_i) = P(X_i = 1)$이 성립하는 이유를 설명하시오.

   c. 이제 기댓값의 선형성을 이용하여 다음을 보이시오.

$$a_n = E(X_1) + E(X_2) + \cdots + E(X_n) = \frac{n(3^{n-1} - 1)}{3^n - 1}$$

7.2. (7.2절에서) 랜덤하게 뽑은 SET이 가진 같은 속성 개수의 평균값을 구하는 공식을 유도하기 위해, 우리는 미적분을 이용해 다음 계산을 보였다.

$$\sum_{k=0}^{n} k \binom{n}{k} 2^{n-k} = n3^{n-1}$$

이번 연습문제에서는 이 식이 참임을, 같은 것을 서로 다른 두 가지 방법으로 세는 방식으로 증명할 것이다. 먼저 이야기가 하나 필요하다.

> 큰 SET 토너먼트 대회가 개최되었는데, n명이 참가하였다. 한 명의 챔피언은 아주 좋은 저축 처권을 받고, 나머지 사람들은 등급 증서를 받는다. 등급에는 A등급, B등급, C등급 총 3개가 있다.

a. 이 배경 이야기에서, 토너먼트의 가능한 모든 결과를 세시오. 먼저 챔피언을 뽑고 나머지 모든 사람에게는 등급을 매기는 것은 $n3^{n-1}$가지 경우의 수가 있음을 보이시오.
b. 이제 가능한 결과들을 천천히 세어 보자. 먼저 챔피언과 A등급 사람들을 뽑는다. k명을 뽑고, 그중 한 명을 챔피언으로 하고, 나머지 남은 $k-1$명의 사람들에게 A등급을 부여한다. 이제 남은 $n-k$명에게 B와 C등급을 나누어준다. 이렇게 계산하면 토너먼트의 가능한 모든 경우의 수는 $\sum_{k=1}^{n} k \binom{n}{k} 2^{n-k}$임을 보이시오. (여기에서 $k=0$인 경우는 제시하지 않았는데, 왜냐하면 이 경우는 합에 영향을 끼치지 않기 때문이다.)
c. 위의 등식이 참임을 증명하시오. 이것은 똑같은 것을 서로 다른 두 가지 방법으로 세어 확인하는 **조합적 추론(combinatorial reasoning)**의 전형적인 예이다.

7.3. 4가지의 속성 게임이 좋은 이유는 아마도 첫 12장의 카드에서 (평균적으로) 2.78개 SET이 존재하는 것이 카드들에 대한 SET의 "적절한" 비율이 되기 때문일 수도 있는데, 구체적으로 이 비율은 $2.78/12 \approx 0.23$이다.

   a. 7가지의 속성 게임에서 이 비율을 보장하려면 몇 장의 카드를 놓아야 하는가? [**힌트** : 처음에 놓는 카드가 m장이었을 때, SET의 기댓값이 $0.23m$이 되어야 한다. 이제 방정식 $\binom{m}{3}\dfrac{1}{3^7-2} = 0.23m$을 푸시오. 이것은 이차방정식이 된다는 것에 주목하자.]

   b. 이제 (a)에서 구한 것을 일반적인 n가지의 속성 게임에 대해서도 구하시오. 최대한 일반적으로 만들어서 계산하시오. a를 처음 카드 배열에서 SET 개수의 기댓값으로 원하는 비율이라 두고, n가지의 속성 게임에서 이 원하는 비율을 맞추기 위해 처음 배열해야 하는 카드 수를 구하시오. 당신의 답은 a와 n에 모두 의존하는 결과여야 한다. [**힌트** : (a)에서와 같이, m에 대한 이차방정식을 풀어야 한다. 당신의 결과를 $a=0.23$과 $n=4$일 때 확인해 보자. 당신은 $m \approx 12$를 얻게 될 것이다.]

7.4. 우리가 4가지의 속성 게임을 하는데, 직선(물론 직선은 일반적인 SET을 의미한다)을 없애는 대신 이차원 평면을 없앤다고 하자. 평균적으로 적절한 수의 평면이 있으려면 몇 장의 카드를 펼쳐 놓아야 하는가? (여기에서 "적절한 수"는 3으로 정의하자.)

7.5. k개 이하의 속성이 같은 SET의 비율을
$p(n,k) = \dfrac{1}{3^n - 1} \sum_{i=0}^{k} \binom{n}{i} 2^{n-i}$ 라 두자.

a. $q(n,k) = (3^n - 1)p(n,k)$라 두자. $q(n,k)$가 다음 점화식을 만족함을 보이시오.

$$q(n+1,k) = 2q(n,k) + q(n,k-1)$$

b. (a)를 이용하여 다음을 보이시오.

$$p(n+1,k) = \dfrac{3^n - 1}{3^{n+1} - 1}(2p(n,k) + p(n,k-1))$$

그러므로, n이 충분히 커지면(예를 들면 $n \geq 10$), 우리는 다음 근사식을 얻는다.

$$p(n+1,k) \approx \dfrac{2}{3} p(n,k) + \dfrac{1}{3} p(n,k-1)$$

(이 점화식이 동전 던지기 근사식에서 얻는 것과 같다는 것에 주목하자.)

c. (b)를 이용하여 $0 \leq k \leq n-1$과 "충분히 큰" n에 대하여 $p(n,k) < p(n+1,k+1)$이 성립함을 보이시오.

d. (b)를 써서 $p(n,k) > p(n+1,k)$가 성립함을 보이시오. 위에서와 같이, 우리는 n이 충분히 커서 (b)의 근사식이 성립한다고 해야 한다. 예를 들면, $n = 12$일 때보다 $n = 11$일 때, 7개 이하의 속성이 같은 SET의 비율은 더 높아진다.)

7.6. 우리는 60가지의 속성 게임에서 15개부터 25개까지의 속성이 같은 **SET**의 비율이 얼마인지를 정규분포곡선 근사를 이용해서 구하고 싶다. 우리는 7.3.4절에 의해 이 답이 대략 86.9%임을 이미 알고 있다.

   a. 평균이 20이고 표준편차가 (근사적으로) 3.65임을 보이시오. [**힌트** : p가 앞면이 나올 확률이고 n이 동전을 던지는 횟수일 때, 이항분포의 표준편차는 $\sqrt{p(1-p)n}$이 된다.]
   b. $X_1 = 15$부터 $X_2 = 25$ 사이의 곡선 아래의 넓이가 얼마인지 표를 이용하던지 컴퓨터를 이용하여 확인하여라.
   c. (b)에서 구한 근삿값은 그다지 정확하지 않다. 약 4% 정도의 오류가 생긴다. 이러한 차이의 한 가지 원인은 $x = 15$와 $x = 25$에서의 수직선이 막대그래프의 수직 막대를 반으로 나누기 때문인데, 그래서 우리의 근삿값은 너무 작아지게 된다. 우리는 정규분포곡선에서 수직선을 $X_1 = 14.5$와 $X_2 = 25.5$으로 바꾸어서 해결할 수 있다. (이것은 보통 **연속성 보정(continuity correction)**이라 한다.) 새로운 X-값을 이용하여 (b)를 다시 계산하시오. (당신의 새로운 근삿값은 0.1퍼센트까지 정확할 것이다.)

7.7. 우리는 n가지의 속성 게임에서 랜덤하게 뽑은 **SET**의 같은 속성 개수의 평균이 대략 $n/3$임을 알고 있다. 표준편차는 대략 $\sqrt{2n}/3$이다. 정확한 표준편찻값이 다음과 같음을 보이시오.

$$\sqrt{\frac{3^{2n-2}(2n)(3^n-2n-1)}{(3^n-1)(3^{2n-1}-3^{n-1}-2)}}$$

[**힌트** : 표준편차의 정의를 어딘가에서 찾아보고, 당신이 평균에 대해 알고 있는 사실을 사용하시오. 공식을 간단히 하기 위해, 약간의 대수 계산에 큰 노력을 기울이든지 아니면 컴퓨터를 이용하여 대수 계산을 하시오.]

프 / 로 / 젝 / 트

7.1. **(중앙값과 최빈값)** 이번 프로젝트에서는 k가지의 속성이 일치하는 SET의 개수를 일반항으로 하는 수열의 다양한 성질을 탐구할 것이다. [표 7.9]를 보자.

[표 7.9] k가지의 속성이 같은 SET의 개수

	$k=0$	$k=1$	$k=2$	$k=3$	$k=4$
$n=1$	1	-	-	-	-
$n=2$	6	6	-	-	-
$n=3$	36	54	27	-	-
$n=4$	216	432	324	108	-
$n=5$	1296	3240	3240	1620	405

우리는 k가지의 속성이 같은 SET의 개수에 대한 공식이 필요하다.

$$g(n,k) = \binom{n}{k} 3^{n-1} 2^{n-k-1}$$

우리의 데이터들의 그래프는 정규분포곡선([그림 7.3]을 보라)과 거의 비슷하게 되므로, 중앙값과 최빈값은 거의 평균과 같아져서 대략 $n/3$이 될 것이다. 그러나 중앙값과 최빈값은 모두 정수여야 하므로, n이 3의 배수일 때에만 이 공식이 유효할 것이라는 문제가 있다. 다른 경우를 알아보려면 더 많은 작업을 해야 한다.

1. 최빈값

일반적인 **4개 속성 게임**에서는 SET의 40%는 하나의 속성만이 같고 3개가 서로 다른 경우였고, 다른 경우들은 모두 이보다 적은 비율을 차지하였다. 이것은 최빈값이 $k=1$임을 의미한다. $n \leq 12$인 경우의 모든 최빈값은 [표 7.10]에 제시되어 있다.

[표 7.10] k가지의 속성이 일치하는 n가지의 속성 SET($n \leq 15$)의 개수가 최댓값이 되는 경우

속성수(n)	1	2	3	4	5	6	7	8	9	10	11	12
최빈값(k)	0	0,1	1	1	1,2	2	2	2,3	3	3	3,4	4

n가지의 속성 게임에서 최빈값 공식을 찾아보자. n을 고정하고, (6장에서) k가지의 속성이 같은 SET의 개수에 대한 공식

$$g(n,k) = \binom{n}{k} 3^{n-1} 2^{n-k-1}$$

은 이미 알고 있다. 이번 프로젝트의 목적은 최빈값이 $k = \left\lfloor \dfrac{n}{3} \right\rfloor$

(이것은 **내림함수(floor function)**라고 하는데, n이 3으로 나누어지지 않으면 내림한다라는 뜻이다)가 된다는 것을 보이는 것이다.

a. $m = \left\lfloor \dfrac{n}{3} \right\rfloor$이라 두자. 다음을 보이시오.

- $g(n,0) < g(n,1) < \cdots < g(n,m)$,
- $g(n,m) \geq g(n,m+1) > g(n,m+2) > \cdots > g(n,n-1)$.

[**힌트** : 비율 $g(n,k+1)/g(n,k)$를 생각하라. 여기에서 우리가 $g(n,m) = g(n,m+1)$이 되는 경우를 허용했다는 것에 주의하라. (b)를 보시오] (수열이 최댓값이 될 때까지 증가했다가 감소하는 것을 **단봉**(unimodal)이라 한다.)

b. 언제 최빈값이 2개가 되는가? (a)를 이용하여 $n+1$이 3의 배수일 때, 즉 $n = 2, 5, 8, 11, \cdots$일 때 인접한 2개의 k값이 최빈값이 됨을 보이시오.

c. 최솟값은 어떻게 되는가? 최솟값은 $k = n-1$일 때, 즉 하나를 제외한 나머지 속성이 모두 일치할 때 임을 보이시오. [**힌트** : $g(n,0)$과 $g(n,n-1)$을 비교하기 위해 (a)를 이용하시오.]

d. SET이 최빈값일 때 그 비율은 얼마나 되는가? [표 7.11]에서 몇 가지 데이터를 볼 수 있다.

n의 값이 커질수록 최대 비율은 점점 더 줄어드는 것으로 보인다. 우리의 목표는 이것이 참임을 보이는 것이다 - 최빈값에서의 SET의 비율이 n이 커지면 0으로 수렴한다는 것을 보이는 것이다. 이것은 실해석학(real analysis)에서 근사식을 활용하는 느낌을 준다.

- 최빈값에서의 SET의 비율을 p_n이라 두자. $m = \left\lfloor \dfrac{n}{3} \right\rfloor$일 때 다음을 보이시오.

$$p_n = \binom{n}{m}\frac{2^{n-m}}{3^n-1}$$

[**힌트** : 최빈값에 대한 공식, m가지의 속성이 같은 SET의 개수에 대한 공식 $g(n,m)$, n가지의 속성 SET 게임에서 모든 SET의 개수에 대한 공식을 활용하여라.]

- p_n의 근삿값을 구하려면 우리는 $\binom{n}{m}$의 근사식을 구해야 한다. 이것은 **스털링 공식**(Stirling's formula)을 필요로 한다.

$$n! \approx \frac{1}{\sqrt{2\pi}}\left(\frac{n}{e}\right)^n$$

[표 7.11] 최빈값에서의 SET의 비율

n	20	40	60	80	100
최빈값	6	13	20	26	33
비율	18.2%	13.3%	10.1%	9.4%	8.4%

계산을 조금 더 간단히 하기 위해, 근삿값을 구할 때 $k = \left\lfloor \frac{n}{3} \right\rfloor$ 대신 $k = \frac{n}{3}$을 이용할 것이다. (이것은 큰 n 값에 대해서는 거의 차이가 없다.) 다음을 보이시오.

$$p_n \approx \frac{3}{\sqrt{4\pi n}}$$

[힌트 : $\binom{n}{k} = \dfrac{n!}{k!(n-k)!}$ 로 표현한 후, 스털링 공식을 써서 $k=n/3$일 때 $n!, k!, (n-k)!$의 근사식을 구하여라. 그 후 계산을 많이 하면 된다.]

- $n \to \infty$일 때 $p_n \to 0$임을 보이시오.

이 근삿값은 얼마나 정확한가? 자세한 분석을 하기보다는, [표 7.12]에서 데이터들을 직접 살펴보아라.

[표 7.12] 근삿값은 얼마나 가까운가?

n	100	200	300	400	500
최빈값	33	66	100	133	166
p_n의 참값	0.0843827	0.0596057	0.0488128	0.0422834	0.0377872
근삿값 $3/\sqrt{4\pi n}$	0.0846284	0.0598413	0.0488603	0.0423142	0.037847

2. 중앙값

데이터 절반은 중앙값보다 크고 나머지 절반은 작다. 여기에서 우리는 k 이하의 속성이 같은 SET의 개수가 전체 SET 개수의 절반 이상이 되는 가장 작은 k의 값을 찾아야 하는데, 즉,

$$g(n,0) + g(n,1) + \cdots + g(n,k) \geq \frac{3^{n-1}(3^n - 1)}{4}$$

를 만족시키는 가장 작은 k 값을 찾아야 한다. 불행하게도,

$g(n,0)+g(n,1)+\cdots+g(n,k)$에 대해 이해하기 쉽고 다루기 좋은 공식은 존재하지 않는다. 이 합에 대한 정확한 공식은 **초기하함수**(hypergeometric function)와 관련되는데, 이는 이 책의 범위를 한참 넘어선다. 하지만 그렇더라도 우리는 50%를 처음으로 넘는 상황에 대한 좋은 공식을 얻을 수 있다. [그림 7.6]의 그래프는 20가지의 속성 SET에서 속성이 같은 개수의 중앙값을 구하는 방법을 보여준다. 모든 가능한 k값에 대하여 k 이하의 속성이 같은 SET의 비율을 나타내었다.

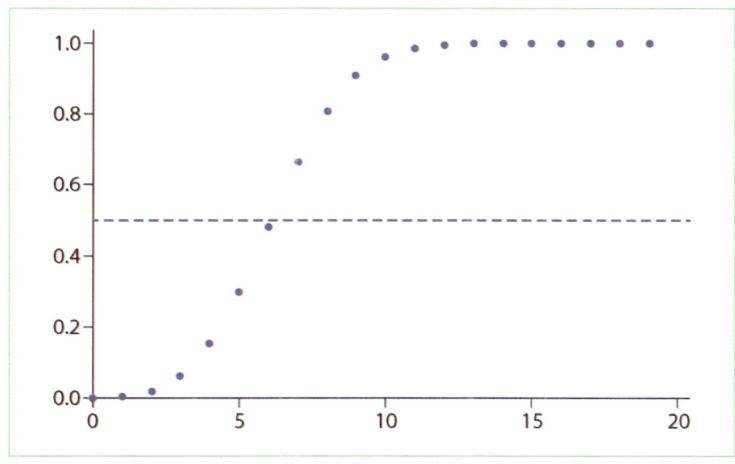

[그림 7.6] 20가지의 속성 SET 전체 중에서 k개($k = 0, 1, \cdots, 19$) 이하의 속성이 같은 SET의 비율. 점선은 전체 SET의 50%를 나타낸다. 이 선이 $k = 6$ 위에 있고 $k = 7$ 아래 있으므로, 중앙값은 7이다.

$n = 20$인 경우, 우리는 6개 이하의 속성이 같은 SET의 비율이 47.9%임을 찾고, 7개 이하의 속성이 같은 SET의 비율이 66.1%임을 찾았다. 이것은 중앙값이 $k = 7$임을 알려준다.

a. $n=1,2,3,4$일 때 중앙값을 계산하시오. 당신의 계산이 [표 7.8]과 일치하는지 점검하시오.

b. $\text{med}(n)$을 n가지의 속성 SET에서 속성이 같은 개수의 중앙값을 나타낸다고 하자. 이때 $\text{med}(n) < \text{med}(n+1)$임을 보이시오. [**힌트** : 연습문제 7.5에서 만일 $p(n,k) > 0.5$이면 $k \geq \text{med}(n)$임을 알 수 있다. 그 연습문제의 (c)를 사용하시오.]

c. $\text{med}(n+1) \leq \text{med}(n)+1$임을 보이시오. 즉, n가지의 속성 게임에서 $n+1$가지의 속성 게임으로 커지면, 중앙값은 최대 1까지만 커질 수 있음을 보이시오.

[**힌트** : 연습문제 7.5(d).]

CHAPTER
08

벡터와
선형대수학

보드게임 SET에 담긴 수학

8.1 서론

1장에서 우리는 SET 카드들에 좌표를 도입해서 모든 카드를 mod3인 4개 순서쌍으로 표시하였다. 우리는 [표 8.1]의 대응을 계속 사용할 것이다.

카드들을 벡터로 생각하는 것은 이 책 전체를 통틀어 유용하게 사용되었다. 사실 세 장의 카드가 SET을 이룰 필요충분조건이 각각의 좌표의 합이 0 (mod3)이 된다는 것으로부터 우리는 게임과 좌표에 대한 첫 의미 있는 연결을 찾을 수 있었다. 우리는 이번 장에서 벡터와 게임 사이의 연관성을 더 자세하게 탐구할 계획인데, 카드 묶음의 대칭성을 측정하는 방법을 제공하는 아핀 변환을 포함해서 다룰 것이다. 특별히 변환 중에서 모든 SET의 서로 다른 속성의 개수를 보존하는 것들을 다룰 것이다.

[표 8.1] 카드에 좌표를 부여하기

속성	값	좌표
개수	3, 1, 2	↔ 0, 1, 2
색깔	초록, 브라, 빨강	↔ 0, 1, 2
무늬	빈 무늬, 줄두늬, 속이 찬 무늬	↔ 0, 1, 2
모양	다이아몬드, 둥근 모양, 꿈틀이	↔ 0, 1, 2

보드게임 SET에
담긴 수학 2

8.2 평행한 SET

우리는 좌표를 통해 어떻게 평행한 SET을 정의하는지를 먼저 알아보는 것으로 시작하려 한다. 우리의 예들의 대부분이 사차원 게임에 대한 것이지만, 이 아이디어는 쉽게 n차원으로 확장된다.

8.2.1. 평행한 SET

평행한 SET은 5장에서 소개하였다. 두 SET은 같은 평면에 놓이고 서로 만나지 않을 때 평행하다고 하였다는 것을 상기하자. 우리는 여기에서 평행한 SET을 정의하는 방식을 벡터 표현으로 번역할 것이며, 이 방법이 5장에서 소개했던 평행한 SET에 대한 두 가지 설명과 일치한다는 사실을 보일 것이다. (만일 당신이 벡터에 대해 알지 못한다면, 우리가 제공하는 예들이 이에 대한 기하적이고 대수적인 직관을 제공해 주기를 희망한다.)

우리는 주어진 SET으로부터 평행한 SET을 만드는 절차를 예를 통해 보여주겠다. 먼저 [그림 8.1]의 왼쪽에 있는 SET을 하나 고르자.

대수적인 조작을 하려면, 우리는 먼저 SET에 있는 각각의 카드에 부여된 좌표를 알아야 한다.

$$
\begin{aligned}
\text{1개 초록 속이 빈 다이아몬드} &\mapsto (1, 0, 0, 0) \\
\text{1개 보라 속이 찬 둥근 모양} &\mapsto (1, 1, 2, 1) \\
\text{1개 빨강 줄무늬 꿈틀이} &\mapsto (1, 2, 1, 2)
\end{aligned}
$$

[그림 8.1] 두 평행한 SET. 우리는 왼쪽 SET 카드들의 각 좌표에 $\vec{w}=(1,0,1,2)$를 더해 오른쪽 SET을 만들었다.

다음으로 아무 벡터 $\vec{w}$를 하나 고른다. 예를 들어, 우리는 $\vec{w}=(1,0,1,2)$를 골랐다. (이 벡터는 여기에서 완전히 임의로 고른 것이다. 이것은 카드에 대응하기는 하지만, 0에 대해서는 무시하기로 한다.)

이제 SET에 있는 각각의 세 장의 카드에 대응하는 세 벡터에 $\vec{w}$를 더한다.

$$(1, 0, 0, 0) + (1, 0, 1, 2) = (2, 0, 1, 2),$$
$$(1, 1, 2, 1) + (1, 0, 1, 2) = (2, 1, 0, 0),$$
$$(1, 2, 1, 2) + (1, 0, 1, 2) = (2, 2, 2, 1).$$

마지막으로, 이 새로운 세 벡터에 대응하는 카드들이 무엇인지 찾으라. 이 카드들은 [그림 8.1]의 오른쪽에 나와 있다.

당신이 유클리드 평면에서 벡터의 덧셈을 배웠다면 이 작업은 이와 비슷해 보일 것이다. 직선 위의 모든 점에 같은 벡터를 더하면 같은 기울기를 가지는 새로운 직선을 얻게 되는데, 이 직선은 원래 직선과 평행하다 [그림 8.2]를 보자.

그뿐 아니라, 우리가 이러한 과정에서 좌표를 반복적으로 사용하고 있음에도 불구하고, 두 SET이 서로 평행하다는 성질은 좌표를 부여하는 방식에는 **의존하지 않는다**. 예를 들어 위에서 색깔에 부여하는 숫자를 빨강 ↦ 0, 초록 → 1, 보라 ↦ 2로 바꾼다고 해보자. 우리가 숫자 부여하는 방식에 일관성이 있다면, 여기에서 한 모든

보드게임 SET에
담긴 수학 2

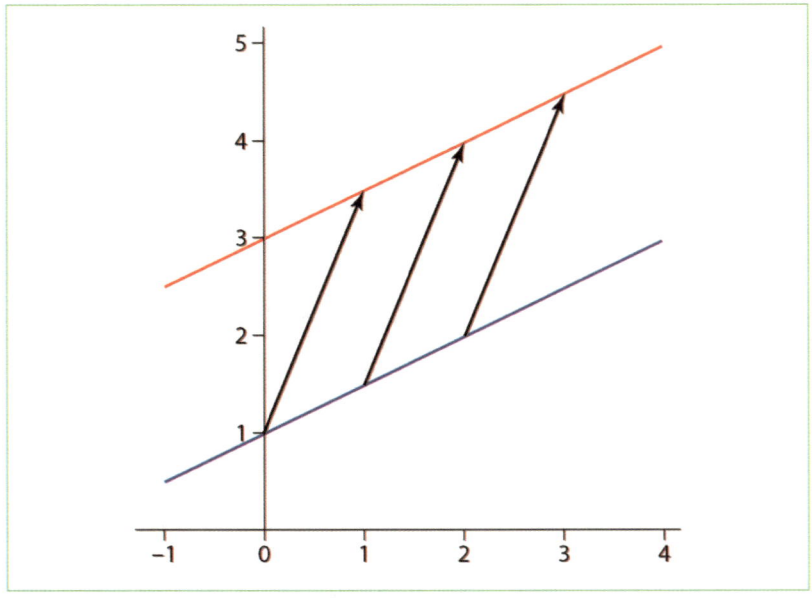

[그림 8.2] 유클리드 공간에서 평행한 두 직선. 당신은 위의 직선을 아래 직선 위에 있는 모든 점에 같은 벡터를 더함으로써 만들어 낼 수 있다.

작업은 여전히 성립한다.

이 사실이 약간 놀라울 수도 있겠지만, 이는 대단히 중요하다. 우리는 평행성을 SET의 고유의 성질이 되기를 원하고, 좌표를 부여하는 방식에 의존하지 않기를 원한다. 다르게 말하면,

 만일 당신과 당신의 친구 테아노가 서로 다른 방식의 좌표 부여 방식을 개발했다면, 위의 과정은 똑같은 평행한 SET을 만들 것이다.

8.2.2 벡터와 평행선 공준

[그림 8.3] 우리는 오른쪽 카드를 포함하고 왼쪽 SET과 평행한 SET을 찾고 싶다.

벡터를 SET에 더하면 평행한 SET을 얻게 된다. 이 아이디어를 평행선 공준과 연관 짓자.

> 주어진 SET과 SET에 포함되지 않은 임의의 한 카드에 대하여, 그 카드를 포함하고 주어진 SET과 평행한 SET이 유일하게 존재한다.

우리가 이 결과를 벡터의 덧셈을 이용하여 어떻게 얻을 수 있을까? [그림 8.3]의 왼쪽에 있는 SET과 오른쪽의 카드를 생각하자.

'3개 보라 줄무늬 다이아몬드'의 좌표는 $\vec{v}=(0,1,1,0)$이므로, SET에 어떤 벡터 $\vec{w}$를 더해야 할까? 우리에게는 몇 가지 선택이 있다. 먼저 SET에서 아무 카드를 뽑은 후, $(0, 1, 1, 0)$에서 그 좌표를 빼면 된다. (우리가 SET의 어떤 카드를 뽑던지 상관없이 이는 같은 평행한 SET을 주게 된다. 연습문제 8.1을 보자.)

그러므로, 예를 들어, 첫 번째 벡터 $(1, 0, 0, 0)$을 뽑자. 그러면 다음이 성립한다.

$$\vec{w}=(0,1,1,0)-(1,0,0,0)=(-1,1,1,0)=(2,1,1,0) \pmod 3$$

이제 $\vec{w}=(2,1,1,0)$을 SET을 이루는 카드들에 대응하는 각각의 벡터를 더하면 다음을 얻는다.

[그림 8.4] 평행한 SET을 찾았다.

$$(1, 0, 0, 0) + (2, 1, 1, 0) = (0, 1, 1, 0),$$
$$(1, 1, 2, 1) + (2, 1, 1, 0) = (0, 2, 0, 1),$$
$$(1, 2, 1, 2) + (2, 1, 1, 0) = (0, 0, 2, 2).$$

이 과정으로 어떤 새로운 두 장의 카드가 만들어졌는가? 우리는 [그림 8.4]와 같이 '3개 빨강 속이 빈 둥근 모양'((0, 2, 0, 1)에 대응)과 '3개 초록 속이 찬 꿈틀이'((0, 0, 2, 2)에 대응)를 얻게 된다. (이 과정은 평행한 SET에 주어진 카드 $\vec{v}$를 반드시 포함하게 되는데, 왜냐하면 $\vec{v_1} + (\vec{v} - \vec{v_1}) = \vec{v}$이기 때문이다. 우리의 경우에는 $\vec{v} = (0, 1, 1, 0)$이다.)

8.2.3 벡터와 순환하는 속성들(cyclic attributes)

5.3절에서 우리는 두 평행한 SET을 정의하는 두 가지 방법을 소개했었다. 이제 우리는 왜 평행한 SET에 대한 벡터를 이용한 정의가 사이클(cycle)을 이용한 5장에서의 정의와 일치하는지 설명하겠다. 두 SET은 같지 않은 속성들이 같은 사이클 순서(cyclic order)를 가지도록 배열할 수 있을 때 평행하다고 정의했었다는 것을 기억하라. 또한 사이클 순서 (a, b, c), (b, c, a), (c, a, b)는 서로 같다는 것을 기억하라.

먼저 [그림 8.1]의 두 SET이 서로 같은 순서로 순환(cycling)하는지 확인하자

- 개수 : 첫 번째 SET의 모든 카드는 1개이고, 두 번째 SET의 모든 카드는 2개이다.
- 색 : 두 SET 모두, 왼쪽에서 오른쪽으로, 색의 사이클은 (초록, 보라, 빨강)이다.
- 무늬 : 두 SET 모두, 왼쪽에서 오른쪽으로, 무늬의 사이클은 (속이 빈 무늬, 속이 찬 무늬, 줄무늬)이다.
- 모양 : 두 SET 모두, 옆쪽에서 오른쪽으로, 모양의 사이클은 (다이아몬드, 둥근 모양, 꿈틀이)이다.

왜 벡터를 더하는 것이 이러한 사이클을 보존하는가? 여기에 간략한 설명을 하겠다. 처음 SET의 세 벡터를 $\vec{v_1}$, $\vec{v_2}$, $\vec{v_3}$라 두고, 다음과 같이 표현하자.

$$\vec{v_1} = (a_1, b_1, c_1, d_1), \quad \vec{v_2} = (a_2, b_2, c_2, d_2), \quad \vec{v_3} = (a_3, b_3, c_3, d_3)$$

이제 벡터 $\vec{w} = (r, s, t, u)$를 SET의 각각의 세 벡터에 더하자.

- 만일 첫 번째 SET에서 속성의 세 표현이 모두 같았다면, 두 번째에서도 같다. 예를 들어, 우리가 $a_1 = a_2 = a_3 = 1$이었다면, $r = 1$일 때 $a_1 + r = a_2 + r = a_3 + r = 2$가 된다.
- 만일 첫 번째 SET의 속성의 세 표현이 모두 달랐다면, 이것들은 두 번째에서도 모두 다르고 같은 사이클을 이룬다. 이번에는 세 번째 좌표를 보면, $c_1 = 0$, $c_2 = 2$, $c_3 = 1$이다. 각각에 $t = 1$을 더하면 우리는 $c_1 + t = 1$, $c_2 + t = 0$, $c_3 + t = 2$가 된다. 이 과정은 항상 서로 동치인 사이클을 만든다. 사이클에서는 어떤 수가 처음에 오더라도 상관이 없기 때문에, 각각의 숫자에 같은 수를 더하면 ($\mod 3$으로 생각하기 때문에) 단순히 사이클의 수들을 옆으로 이동시키는 것뿐이고, 그 결과 속성에 대한 같은 사이클 순서를 얻게 된다.

8.2.4 방향 벡터들과 평행한 SET들

주어진 2개 SET에 대하여, 우리는 어떻게 둘이 평행한지를 벡터를 이용하여 결정할 수 있을까? 우리의 답은 **방향 벡터(direction vectors)**와 관련된다. 어떻게 되는지 살펴보자.

[그림 8.5] 우리가 왼쪽 SET과 평행한 오른쪽 SET을 얻기 위해 더할 수 있는 벡터는 모두 세 개가 있다.

1. 먼저 SET에 있는 임의의 두 장의 카드를 뽑아서 차이를 계산하여 방향 벡터 $\vec{d}$를 구한다. [그림 8.1]의 SET의 경우에는, 방향 벡터를 얻기 위해 처음 두 장의 카드를 사용하였다.

SET 1: $\vec{d_1} = (1,1,2,1) - (1,0,0,0) = (0,1,2,1)$
SET 2: $\vec{d_2} = (2,1,0,0) - (2,0,1,2) = (0,1,2,1)$

2. 그러면 두 SET이 평행할 필요충분조건은 $\vec{d_1} = \vec{d_2}$ 또는 $\vec{d_1} = 2\vec{d_2}$ 이다. 위의 경우에는 $\vec{d_1} = \vec{d_2}$ 이 성립하였다.

방향 벡터는 0이 아닌 상수 배(스칼라 곱)만큼 차이나는 것을 같은 벡터로 간주한다. 예를 들어, 우리의 첫 번째 SET에서 벡터로 $\vec{v_1}$과 $\vec{v_3}$를 사용했다면, 우리는 다음을 얻는다.

$\vec{d_1} = \vec{v_3} - \vec{v_1} = (1,2,1,2) - (1,0,0,0) = (0,2,1,2) = 2(0,1,2,1) = 2\vec{d_2}$

하지만 방향 벡터는 좌표를 어떻게 부여했는가에 의존하지 않는다. 만일 테아노가 카드에 벡터를 다른 방식으로 부여했더라도, 그녀는 우리가 얻은 것과 같은 방향 벡터를 얻게 될 것이다. (연습문제 8.2를 보자.)

 기억할 메시지
두 SET이 평행할 필요충분조건은 그들의 방향 벡터가 서로의 상수 배가 되는 것이다.

8.2.5 평행한 SET의 개수

책의 6장과 7장에서 우리는 개수 세기에 집중했었다. 같은 방식으로 우리는 다음 질문을 할 수 있다.

 주어진 SET과 평행한 SET은 얼마나 많이 있는가?

당신에게 보통의 사차원 게임의 SET이 하나 있다고 하자. 평행한 SET을 찾기 위해서는 $3^4 = 81$가지 가능한 벡터 $\vec{w}$를 세 장의 카드에 대응하는 좌표에 더할 수 있다. 하지만 이것은 평행한 SET의 개수를 원래보다 많이 셈하게 된다. 그 이유를 알기 위해, 예를 하나 보자.

[그림 8.5]의 왼쪽에 있는 SET의 카드들은 각각 벡터 $\vec{v_1} = (2,0,2,0)$, $\vec{v_2} = (1,1,0,1)$, $\vec{v_3} = (0,2,1,2)$에 대응한다. 이 SET의 방향 벡터를 $\vec{d} = \vec{v_2} - \vec{v_1} = (2,1,1,1)$이라 두자. 만일 $\vec{d}$를 SET의 각각의 벡터에 더하면 단순히 우리의 SET의 카드를 재배열하는 것에 불과하게 된다.

$$\vec{v_1} + \vec{d} = (2,0,2,0) + (2,1,1,1) = (1,1,0,1) = \vec{v_2},$$
$$\vec{v_2} + \vec{d} = (1,1,0,1) + (2,1,1,1) = (0,2,1,2) = \vec{v_3},$$
$$\vec{v_3} + \vec{d} = (0,2,1,2) + (2,1,1,1) = (2,0,2,0) = \vec{v_1}.$$

사실, 주어진 SET을 변화시키지 않는 벡터에는 3개가 있는데, $\vec{d} = (2,1,1,1)$, $2\vec{d} = (1,2,2,2)$, $0 \times \vec{d} = (0,0,0,0)$들은 세 벡터 $\vec{v_1}$, $\vec{v_2}$, $\vec{v_3}$에 더해도 변화가 생기지 않는다. 그러므로, SET을 표현하는 벡터들에 더해도 "변화가 생기지 않는" 벡터가 3개 존재한다.

우리가 처음 주어진 SET에 더해서 새로운 평행한 SET을 얻을 수 있는 벡터는 모두 몇 개가 있는가? 기호로는, 평행한 SET을 나타내는 벡터가 $\vec{u_1}$, $\vec{u_2}$, $\vec{u_3}$일 때, 얼마나 많은 $\vec{w}$가 적절한 순서에 의해

$$\{\vec{v_1}+\vec{w},\ \vec{v_2}+\vec{w},\ \vec{v_3}+\vec{w}\} = \{\vec{u_1},\ \vec{u_2},\ \vec{u_3}\}$$

를 만족하는가?

우리의 예로 돌아와서, [그림 8.5]의 오른쪽에 있는 SET의 세 장의 카드는 $\vec{u_1}=(0,1,1,0)$, $\vec{u_2}=(2,2,2,1)$, $\vec{u_3}=(1,0,0,2)$를 좌표로 가진다. 이제 $\vec{w_1}=\vec{u_1}-\vec{v_1}$이라 두자. $\vec{w_1}$를 $\vec{v_1}$, $\vec{v_2}$, $\vec{v_3}$에 더하면,

$$\vec{v_1}+\vec{w_1} = (2,0,2,0)+(1,1,2,0) = (0,1,1,0) = \vec{u_1},$$
$$\vec{v_2}+\vec{w_1} = (1,1,0,1)+(1,1,2,0) = (2,2,2,1) = \vec{u_2},$$
$$\vec{v_3}+\vec{w_1} = (0,2,1,2)+(1,1,2,0) = (1,0,0,2) = \vec{u_3}.$$

하지만 우리는 방향 벡터 $\vec{d}=(1,2,2,2)$에 대하여 $\vec{w_2}=\vec{w_1}+\vec{d}$ 또는 $\vec{w_3}=\vec{w_1}+2\vec{d}$를 사용할 수도 있다. $\vec{w_2}$나 $\vec{w_3}$를 $\vec{v_1}$, $\vec{v_2}$, $\vec{v_3}$에 더하면, 동일한 세 벡터 $\vec{u_1}$, $\vec{u_2}$, $\vec{u_3}$를 다른 순서로 얻는다. 이것은 첫 번째 SET을 두 번째로 바꾸는 세 가지 변환을 알려준다.

$+\vec{w_1}$	$+\vec{w_2}$	$+\vec{w_3}$
$\vec{v_1} \mapsto \vec{u_1}$	$\vec{v_1} \mapsto \vec{u_2}$	$\vec{v_1} \mapsto \vec{u_3}$
$\vec{v_2} \mapsto \vec{u_2}$	$\vec{v_2} \mapsto \vec{u_3}$	$\vec{v_2} \mapsto \vec{u_1}$
$\vec{v_3} \mapsto \vec{u_3}$	$\vec{v_3} \mapsto \vec{u_1}$	$\vec{v_3} \mapsto \vec{u_2}$

우리는 이 정보를 원래의 문제를 해결하는 데에 사용할 수 있다. 주어진 벡터에 대해, 우리는 서로 다른 세 벡터를 더해 평행한 SET

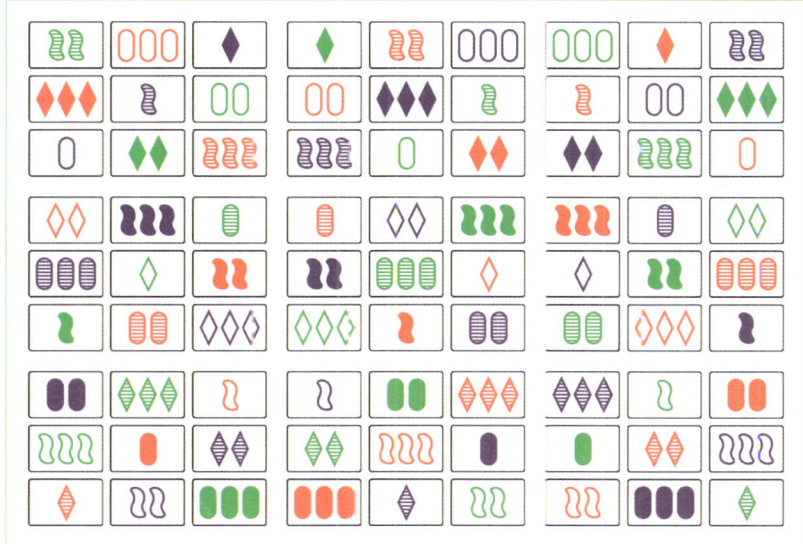

[그림 8.6] 다시 제시하는 전체 카드 묶음. '1개 초록 속이 찬 다이아몬드', '2개 초록 줄무늬 꿈틀이', '3개 초록 속이 빈 둥근 모양'으로 이루어진 SET과 평행한 26개 SET을 찾아보는 도전을 해보자.

을 얻을 수 있다. 그러므로 주어진 SET에는 $81/3 = 27$개의 평행한 SET이 존재한다. 하지만 이것은 원래의 SET을 포함하고 있으며, SET은 자기 자신과 평행하다. 그러므로 주어진 SET과 평행하고 **자신과 다른 SET의 개수는 총** 26개이다.

벡터를 사용하는 대신, 이 질문에 대한 답을 평행선 공준을 이용해서도 할 수 있다. 모든 카드는 주어진 SET과 평행한 한 SET에 포함되기 때문에, 전체 카드 묶음은 주어진 SET과 함께 이와 평행한 SET들의 서로소인 합집합으로 표현된다. 이것은 n차원 버전의 게임에서는 주어진 SET과 평행한 SET의 개수가 (자기 자신을 포함하여) 3^{n-1}개가 되어야 함을 의미한다.

SET(또는 전체 카드 묶음)의 각각의 벡터에 똑같은 벡터를 더하는 것은 **아핀 변환**(affine transformation)의 한 가지 예가 된다. 이에 대해서는 8.4절에서 자세히 공부하기로 하자.

우리는 이번 절을 낯익은 그림으로 마무리하고자 한다. [그림 8.6]에는 전체 카드 묶음이 제시되어 있다. 예를 들어, 당신이 가장 위의 왼쪽에 있는 평면에서 가장 윗줄에 있는 세 카드('2개 초록 줄무늬 꿈틀이', '3개 빨강 속이 빈 둥근 모양', '1개 보라 속이 찬 다이아몬드')를 뽑았다고 하면, 이 SET과 평행한 SET들은 (자기 자신을 포함해서) 27개 가로로 놓인 모든 SET들이 된다. 여기에서 각각의 SET들은 네 속성이 모두 다르다는 것에 주목하라. 연습문제 8.4에서 당신은 이 그림에서 주어진 SET과 평행한 SET을 찾는 것을 더 해볼 수 있을 것이다.

8.2.6 평행한 SET을 이용하여 평면 만들기

평행함은 동일 평면에 놓이는 것과 밀접한 관련이 있다. 정확하게 말하면 우리는 다음과 같이 진술할 수 있다.

> 서로 교차하지 않는 두 SET이 평행할 필요충분조건은 두 SET을 포함하는 평면이 존재하는 것이다.

[표 8.2] 모든 평면은 3개 평행한 SET으로 쪼개어진다.

$\vec{v_1}$	$\vec{v_2}$	$\vec{v_3}$
$\vec{v_1} + \vec{w}$	$\vec{v_2} + \vec{w}$	$\vec{v_3} + \vec{w}$
$\vec{v_1} + 2\vec{w}$	$\vec{v_2} + 2\vec{w}$	$\vec{v_3} + 2\vec{w}$

왜 평행한 2개 SET이 유일한 평면에 놓이는지 설명하겠다. 만일 2개 평행한 SET이 있을 때, 좌표를 쓰면 다음과 같다.

SET 1: $\{\vec{v_1}, \vec{v_2}, \vec{v_3}\}$

SET 2: $\{\vec{v_1}+\vec{w}, \vec{v_2}+\vec{w}, \vec{v_3}+\vec{w}\}$

그러면 이제 평면을 채우는 것은 대단히 쉽다 - 남은 세 장의 카드는 $\vec{v_1}+2\vec{w}, \vec{v_2}+2\vec{w}, \vec{v_3}+2\vec{w}$이다. [표 8.2]에 제시된 9장의 카드들은 평면을 이루는데, 왜냐하면 AG(2, 3)의 직선들 위치의 세 벡터의 합이 모두 $\vec{0}$ (mod 3)이기 때문이다. (이를 확인하는 여러 가지 방법들이 있으나, 모두 잘 성립한다.)

역으로, 만일 평면이 하나 주어져 있을 때, 어떻게 벡터들을 [표 8.2]와 같이 배열할 수 있을까? 이것은 연습문제 8.5에서 다루는데, 5장에서 제시한 (SET을 이루지 않는 세 장의 카드로부터) 평면을 만드는 방법과 [표 8.2]를 만드는 방법을 연관 짓는 것에 대해 질문할 것이다.

8.2.7 평행한 평면, 초평면, 그 외의 것들

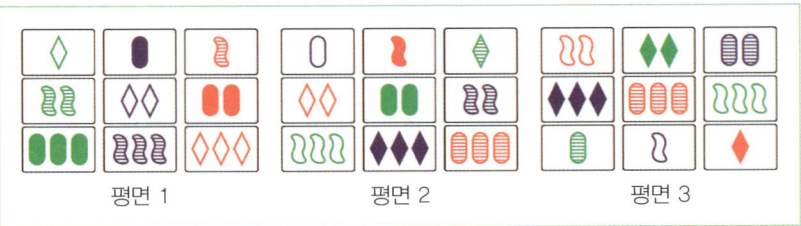

[그림 8.7] 3개 평면. 평면 1은 평면 2나 평면 3 중 하나와 평행하다. 무엇과 평행한가?

언제 두 평면이 평행한가? 퀴즈를 하나 제시하겠다. [그림 8.7]에는 3개 평면이 있다. 평면 1은 평면 2나 평면 3 중 하나와 평행하다. 어떤 쌍끼리 평행한지 찾아보자.

[표 8.3] 평면 1의 카드들을 표현하는 벡터들

(1,0,0,0)	(1,1,2,1)	(1,2,1,2)
(2,0,1,2)	(2,1,0,0)	(2,2,2,1)
(0,0,2,1)	(0,1,1,2)	(0,2,0,0)

[표 8.4] [표 8.3]의 모든 벡터에 $\vec{w}=(1,2,0,2)$를 더한 결과

(2,2,0,2)	(2,0,2,0)	(2,1,1,1)
(0,2,1,1)	(0,0,0,2)	(0,1,2,0)
(1,2,2,0)	(1,0,1,1)	(1,1,0,2)

우리는 SET에서 했던 것과 같이, 두 평면이 평행하다는 것을 대수적으로 결정할 것이다. 주어진 평면에 대하여, 평행한 평면을 다음과 같이 만든다. 이전과 같이 먼저 우리 평면에 있는 아홉 장의

카드들을 벡터로 변환한다. 그 후, 한 벡터 $\vec{w}$를 골라 9개 벡터 모두에 더해준다. 마지막으로 9개 벡터들을 다시 카드들로 바꾼다.

예를 들어 [그림 8.7]의 평면 1을 보자. 이 평면은 [표 8.3]의 9개 벡터[25]로 표현된다. 그러면 평면 1의 각각의 벡터에 $\vec{w} = (1, 2, 0, 2)$를 더하면 [표 8.4]의 벡터들을 얻게 된다.

당신은 이제 [표 8.4]의 9개 벡터들이 [그림 8.7]의 평면 3의 카드들에 (순서는 다르게) 대응된다는 것을 확인할 수 있다. 당신이 답을 찾았다! (당신은 평면 1를 평면 2로 변환시키는 벡터가 없다는 것도 확인해 볼 수 있다.)

우리는 이 과정을 차원에 관계없이 평행한 **초평면**을 정의하는 데에도 사용할 수 있다. 그러므로 (사차원인) 전체 카드 묶음은 27개 평행한 SET 또는 9개 평행한 평면 또는 3개 평행한 초평면으로 나누어진다. 예를 들어 [그림 8.6]의 처음 9×3 열에 있는 27개 카드들은 초평면을 이루고, 같은 그림에 놓인 다른 9×3 열들의 초평면들과 평행하다.

---

25) 휴대용 기기의 앱이나 특별한 안경으로 카드들을 "보면" 그 카드들을 벡터 표현으로 변환해 주는 것이 있을 수도 있다. (이곳에서 "SET 카드", "벡터", "영화 매트릭스(The Matrix)"들을 사용한 농담을 하기 딱 좋다. 이 농담은 관심 있는 독자들에게 남겨둔다.) (역자주 : Matrix는 행렬을 나타내기도 하는데, 행렬은 벡터를 다른 벡터로 바꾸는 변환을 뜻하기도 한다.)

보드게임 SET에
담긴 수학 2

8.3 오류 수정법, 벡터, 그리고 SET[26]

[그림 8.8] 마지막에 남은 다섯 장의 카드: 잃어버린 카드를 찾으시오.

[그림 8.9] 당신이 기대한 카드(왼쪽)와 실제로 나온 카드(오른쪽)

우리는 1장에서 마지막 카드 게임을 소개했고, 이에 대해 4장에서 한 번 더 다루었다. 당신이 게임을 했고, [그림 8.8]에 있는 다섯 장의 카드가 남았다고 하자.

SET 전문가 입장에서 당신은 ([그림 8.9]의 왼쪽에 있는) '3개 빨강 속이 찬 꿈틀이'라고 외쳤다. 놀랍게도 당신이 숨겼던 카드를 뒤집었더니, 이 그림의 오른쪽에 있는 카드가 나왔다.

당신은 카드를 정확히 맞추지 못하였다! 당신은 기호가 3개 있

---

[26] 이번 절에서 다루는 내용들은 (이 책의 저자 중 두 명이 쓴 논문 〈Error detection and correction using SET〉에서 처음 다루어졌는데, 이 논문은 J. Beineke와 J. Rosenhouse가 편집한 책 《The Mathematics of Various Entertaining Subjects: Research in Recreational Math, Princeton University Press, 2015》의 일부이다.

는 카드를 기대했으나, 뒤집힌 카드에는 기호가 1개뿐이었다. 어떻게 이런 일이 발생하는가? 누군가 게임 중간에 실수를 했을 것이다 - 아마도 SET이 아닌 카드를 골라냈을 것이다. 이제 벡터를 이용해서 무엇이 잘못되었는지를 분석해 보자.

마지막 카드 게임은 마지막에 남은 카드들에 대응하는 벡터들의 합이 $\vec{0}$이 되어야하기 때문에 성립한다. 이것은 4장에서 우리가 했던 논의로부터 유도되는데, 전체 카드 묶음의 합은 $\vec{0}$이고, 골라내는 SET들은 모두 합이 $\vec{0}$이기 때문이다. 만일 마지막 카드 게임이 작동하지 않는다면, 한 가지 설명만이 가능하다. SET이 아닌 카드를 골라낸 것이다. 우리는 마지막 카드 게임을 패리티 검사(parity check)처럼 생각할 수 있다. 이것은 게임 중간에 실수가 발생했는지를 확인해 주는 것이다. (패리티 검사는 아주 흔하다. UPC 부호나 은행 라우팅 넘버(routing transit number) 모두 오류를 찾기 위해 체크 디지트(check digit)를 사용한다.)

그러면 이제 어떻게 해야 하는가? 실수가 있었다는 것을 알았기 때문에, 당신은 골라낸 SET을 모두 찾아보았고 [그림 8.10]에 있는 SET이 아닌 카드들을 골라냈다는 것을 발견하였다.

잘못 꺼낸 SET에는 개수에 문제가 있었다는 것에 주의하라. 이것은 마지막 카드 게임에서도 확인 가능하다. 우리가 기대했던 카드('3개 빨강 속이 찬 꿈틀이')와 실제 남은 카드('1개 빨강 속이 찬 꿈틀이') 사이의 차이점도 바로 개수였다. 이것은 우연이 아니다. 벡터를 이용하면, [그림 8.10]에서 SET이 안 되게 하는 속성의 좌표가 마지막 카드 게임에서도 동일하게 영향을 끼친다는 것을 알 수 있다.

만일 당신이 예측했던 카드와 실제 남은 카드가 2개 이상의 속성이 다르다면 어떻게 되는가? 이에 대해서는 두 가지 가능성이 있다.

보드게임 SET에 담긴 수학 2

[그림 8.10] 게임 중에 골라낸 SET이 아닌 카드들

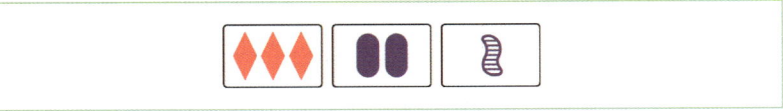

[그림 8.11] 이 SET이 아닌 카드들이 게임 중에 골라내지지 않았기를 희망한다.

[그림 8.12] 서로 지워지는 SET이 아닌 쌍

1. SET이 아닌 카드들을 한 번 골라냈는데, 이 카드들이 [그림 8.11]에서와 같이 2개 이상의 속성 때문에 SET이 될 수 없는 경우이다. 이런 종류의 실수는 경험이 많은 플레이어들에게 서는 잘 나타나지 않는다.
2. SET이 아닌 카드들이 두 세트 이상 게임 중에 골라내진 경우이다.

마지막 카드 게임이 게임 중 발생한 **모든** 실수를 다 찾을 수 있을까? 아니다! [그림 8.12]에서와 같이 두 번의 실수가 서로를 지워버리는 일이 생길 수 있다. 이러한 경우에는 마지막 카드 게임이 완벽하게 성립하는데, 왜냐하면 두 세트의 SET이 아닌 카드들이 합해서 $\vec{0}$이 되기 때문이다. (사실 이 카드들은 같은 이유로 마지막 카드 게임에서 남은 카드가 될 수도 있다.)

8.3.1 해밍 무게

코딩 이론은 오류-수정 코드를 연구하는 학문으로, 데이터를 전송하는 다양한 응용 상황에 사용된다. 예를 들어, 우주에서 지구로 사진을 전송할 때 코드는 필수적이다. 이것들은 mp3 파일을 읽을 때나 인터넷으로 데이터를 전송할 때, 그리고 모든 종류의 전자기기에서 사용이 된다.

SET에 코딩 이론이 어떻게 접목되는지 소개하겠다. [그림 8.10]의 SET이 아닌 카드를 찾았을 때, 개수에 실수가 있었다. 그 그림에서 카드들에 좌표를 도입하면 어떻게 되는가? 세 장의 카드들의 좌표는 그림의 순서대로 (0, 1, 2, 1), (0, 2, 0, 1), (2, 0, 1, 1)이다. 이 좌표들의 (mod3에서의) 좌표 합은 (2, 0, 0, 0)이고, 0이 아닌 좌표는 첫 번째 위치에 나타나는데, 이것은 개수에 대응한다.

만일 S가 임의의 세 장 카드들의 모임이면 S의 **해밍 무게(Hamming weight)** 를 세 장 카드의 좌표의 합에서 0이 아닌 좌표(값이 1이나 2든지 상관없음)의 개수로 정의한다.

예를 들어 [그림 8.11]에 있는 SET을 이루지 않는 카드들을 보자. 그림의 카드들의 좌표는 (0, 2, 2, 0), (2, 1, 2, 1), (1, 1, 1, 2)이다. 이들의 (mod3에서의) 합은 (0, 1, 2, 0)이므로, 합이 0이 아닌 좌표가 2개 있기 때문에 해밍 무게는 2가 된다. 그리고 실제로 이 SET이 아닌 카드들은 그 두 좌표 때문에 SET이 될 수 없다. 그에 더하여 0이 아닌 좌표는 두 번째와 세 번째 위치인데, 이들은 색깔과 무늬에 대응하며, 그 속성들이 정확히 SET이 아니게 하는 것들이다. 각각의 좌표들을 개별적으로 간주하면, 우리가 마지막 카드 게임을 정당화할 때 썼던 논의들이 여기에서도 그대로 성립한다.

8.3.2. 오류 수정

우리가 마지막 카드 게임을 해서 오류를 찾았다고 하자. 우리가 오류를 정확하게 수정[27]할 수 있을까? 이는 "정확하게"가 무슨 의미인지에 달려있다.

[그림 8.11]의 SET이 아닌 카드들의 예를 다시 보면, 좌표의 합이 (0, 1, 2, 0)이었다. 그러면 다음이 성립한다.

$$(0, 2, 2, 0) + (2, 1, 2, 1) + (1, 1, 1, 2)$$
$$+ 2 \times (0, 1, 2, 0) = (0, 0, 0, 0) \pmod 3$$

여기에서 $2 \times (0, 1, 2, 0) = (0, 2, 1, 0)$을 **오류 벡터(error vector)** E라 두자.

실수를 수정하는 전략은 다음과 같다. 먼저 카드들의 좌표를 찾는다. A = (0, 2, 2, 0), B = (2, 1, 2, 1), C = (1, 1, 1, 2). 여기에서 A + B + C + E = (0, 0, 0, 0) (mod 3)이므로 우리는 A, B, C 각각에 E를 순서대로 더할 수 있다.

이것은 오류를 수정하면서 서로 다른 3개 SET을 만든다.

$$\{A+E, B, C\}, \{A, B+E, C\}, \{A, B, C+E\}$$

이제 A + E = (0,1,0,0) = '3개 보라 속이 빈 다이아몬드', B + E = (2,0,0,1) = '2개 초록 속이 빈 둥근 모양', C + E = (1,0,2,2) = '1개 초록 속이 찬 꿈틀이'가 된다. 이것은 [그림 8.13]의 3개 SET을 만든다.

한 가지 결론: 우리는 [그림 8.11]에서 무엇이 **"틀렸는지"**를 말할 수 없다. 현실에서는 하나의 카드가 "틀린" 것이 아니라, 당신이 게임 중간에 SET이 아닌 카드들을 골라냈다는 것이다. 이것은 심리적인 문제이지, 수학적인 것은 아니다.

---

[27] 코딩 이론은 전적으로 오류를 수정하는 데에 목적이 있는데, 왜냐하면 당신이 전송하려는 금성의 사진이 정확하게 보여야 하기 때문이다.

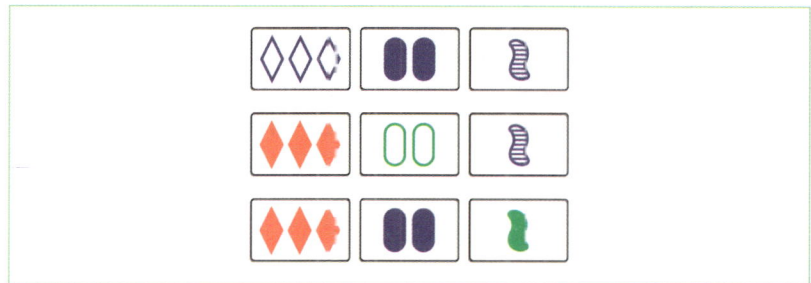

[그림 8.13] 실수를 세 번 수정하였다. 각각의 행은 잠정적으로 [그림 8.11]의 SET이 아닌 카드들의 "수정된" 버전이다. 각각의 SET들은 SET이 아닌 카드들과 두 장의 카드를 공통으로 가진다.

보드게임 SET에
담긴 수학 2

8.4 아핀 동치관계: 모든 SET은 동일하다

이번 장에서는 카드들과 SET의 벡터 표현에 의존해 왔지만, 선형대수학의 어려운 내용은 아직 필요하지 않았다. 전체 카드 묶음의 대칭성을 분석하기 위해서는, 우리는 **아핀 변환**(affine transformation)이라 불리는 특별한 함수를 이해해야 한다.

이번 절에서의 우리의 목표는 모든 SET이 어떻게 기하학적으로 "**같은지**"를 설명하는 것이다. 이것은 평면이나 초평면에 대해서도 여전히 성립하는데, 왜 그런지를 이해하려면 행렬이 필요하다.

우리의 목적을 위해 행렬을 정의하면, **행렬**(matrix)이란 n^2개 수[28]를 n개 행과 n개 열로 배열한 것이다. 우리는 $n \times n$ 행렬을 **함수**(function)로 생각하고자 하는데, 입력과 출력 모두 n개 좌표를 가진 벡터로 생각한다. SET 게임의 응용을 위해서 $n = 4$를 쓰겠지만, 이것은 일반적인 양의 정수 n으로 확장이 가능하다.

거의 항상 새로운 아이디어는 예를 통해 이해하는 것이 가장 쉽다. M을 다음과 같은 4×4 행렬이라 두자.

$$M = \begin{pmatrix} 1 & 2 & 0 & 1 \\ 1 & 0 & 2 & 0 \\ 0 & 0 & 1 & 2 \\ 2 & 0 & 1 & 2 \end{pmatrix}$$

---

28) 다른 사람들을 위해서는 행렬이 꼭 정사각형일 필요는 없다. 하지만 여기에서 그들을 고려할 필요는 없을 것이다.

$\vec{v}$를 다음과 같은 벡터라 두자.

$$\vec{v} = \begin{pmatrix} 1 \\ 0 \\ 1 \\ 2 \end{pmatrix}$$

(우리는 이번 절에서 벡터를 세로로 나타내기를 원하는데, 벡터는 여전히 **SET**의 카드들에 대응한다.)

우리는 행렬곱 $M\vec{v}$을 계산하려는데, 모든 계산은 mod3로 생각한다. 그러면 다음과 같은 계산 결과를 얻는다.

$$M\vec{v} = \begin{pmatrix} 1 & 2 & 0 & 1 \\ 1 & 0 & 2 & 0 \\ 0 & 0 & 1 & 2 \\ 2 & 0 & 1 & 2 \end{pmatrix} \begin{pmatrix} 1 \\ 0 \\ 1 \\ 2 \end{pmatrix} = \begin{pmatrix} 0 \\ 0 \\ 2 \\ 1 \end{pmatrix}$$

벡터 $\vec{v} = (1,0,1,2)$를 입력값이라 생각하고, 행렬 M이 $\vec{v}$를 출력값 $(0,0,2,1)$으로 변환한다고 생각한다. (여기에서 편의를 위해 $\vec{v}$와 $M\vec{v}$를 가로로 표시하였다.)

행렬을 이용한 선형변환(linear transformation)의 정의는 다음과 같다.[29] 행렬은 단지 숫자들의 배열에 불과하고, 벡터는 수들을 세로로 나열한 것이라는 사실을 기억하자. M의 각각의 항목들은 첨자를 써서 $a_{11}, a_{12}, \cdots, a_{nn}$으로 표현한다. 그러면 $M\vec{v}$는 다음과 같이 계산한다.

$$\begin{pmatrix} a_{11} & a_{12} & \cdots & a_{1n} \\ a_{21} & a_{22} & \cdots & a_{2n} \\ \vdots & \vdots & & \vdots \\ a_{n1} & a_{n2} & \cdots & a_{nn} \end{pmatrix} \begin{pmatrix} v_1 \\ v_2 \\ \vdots \\ v_n \end{pmatrix} = \begin{pmatrix} a_{11}v_1 + a_{12}v_2 + \cdots + a_{1n}v_n \\ a_{21}v_1 + a_{22}v_2 + \cdots + a_{2n}v_n \\ \vdots \\ a_{n1}v_1 + a_{n2}v_2 + \cdots + a_{nn}v_n \end{pmatrix}$$

---

[29] 무섭게 보일 수 있으므로, 숨을 깊게 들이쉬기 바란다. 금방 끝날 것이다.

당신이 이전에 행렬곱을 본 적이 없다면, 이 정의는 다소 이상하게 보일 것이다. 등호 오른쪽에 있는 식이 무서워 보일 수도 있겠으나, 각각의 항목은 사실 왼쪽에 나온 수들의 많은 곱과 합일뿐이다. 선형대수학에 대해 더 배우려는 이들에게 (그리고 이번 장을 통해 많이 알게 될 것이다) 우리는 두 가지 제안을 하려 한다. Sheldon Axler가 쓴 훌륭한 책《*Linear Algebra Done Right*》이 있고, 만일 당신이 무료로 구할 수 있는 자료를 원한다면, Robert Beezer가 쓴 온라인 교재《*A First Course in Linear Algebra*》를 http://linear.ups.edu/html/fcla.html에서 볼 수 있다.

위에서 언급한 바와 같이, 우리는 변환에서 벡터 $\vec{v}$를 입력값으로, $M\vec{v}$를 출력값으로 생각한다. 이것을 SET에 적용하면, 우리는 행렬 M을 카드들을 바꾸는 규칙으로 생각할 수 있다. 예를 들어 우리의 입력 벡터 (1, 0, 1, 2)는 카드 '1개 초록 줄무늬 꿈틀이'에 대응하고, 출력 벡터 (0, 0, 2, 1)은 '3개 초록 속이 찬 둥근 모양'에 대응한다. 여기에서 또, 우리는 벡터들을 가로로 쓰고 있는데, 순전히 편의를 위해서[30]이다.

행렬곱은 **선형변환**(linear transformation)[31]이다. 선형변환은 다음과 같은 아주 중요한 성질을 가진다. a와 b가 상수이고 $\vec{v_1}$와 $\vec{v_2}$가 벡터일 때, $M(a \cdot \vec{v_1} + b \cdot \vec{v_2}) = a \cdot M(\vec{v_1}) + b \cdot M(\vec{v_2})$가 성립한다. (대부분의 함수들은 이러한 성질을 만족하지 않음에 주의하자. 많은 학생들이 대수를 배울 때 암묵적으로 함수들을 선형적[32]이라 가

---

30) 저자들의 편의를 위한 것이다.
31) 역자주 : 예전 고등학교 수학 교과서에서는 "일차변환"이라는 표현을 썼다.
32) 우리는 학생들이 $\sqrt{x+y} = \sqrt{x} + \sqrt{y}$ 라 쓰는 실수를 저지를 때마다 1달러씩 받을 수 있기를 희망한다. 그렇다면 우리는 10달러 이상을 벌

정하는 실수를 많이 저지른다.

우리가 왜 벡터의 변환을 신경써야 하는가? 우리는 카드 전체 묶음에서 SET, 평면, 초평면을 보존하는 카드 변환 규칙에 관심이 있다. 8.4.1절에서 다룰 변환이 바로 이러한 성질을 가진 함수이다. 또한 우리는 전체 카드 묶음이 가진 대칭성의 전체 개수를 알아내고 싶어하는데, 이 숫자는 이전에 이미 본 숫자일 것이다.

8.4.1 아핀 변환

행렬곱은 카드 전체 묶음에서의 변환을 정의하는 데에 대단히 중요하지만, 이것은 또한 너무 과도하게 제한적이다. 왜 문제인지 설명하면 다음과 같다. 만일 M이 임의의 4×4 행렬이면, 우리는 항상 $M\vec{0} = \vec{0}$을 얻는다. 이것은 $\vec{0}$에 대응하는 카드('3개 초록 속이 빈 다이아몬드')는 모든 선형변환에 대해 고정된다는 것을 의미한다. 하지만 이 카드는 당연하게도 임의로 정해진 것이기 때문에, 우리는 모든 카드가 우리의 변환에 의해 동등한 대접을 받기를 원한다.

이러한 문제를 해결하기 위해, 우리는 **아핀 변환**(affine transformation)을 정의한다. 여기에서 우리는 $n=4$인 경우(보통의 SET 게임에 대응하는 상황)만 다룰 것이지만, 여기에서 다루는 모든 것들은 일반적인 n에 대해서도 그대로 성립한다.

M을 4×4 행렬이라 정의하고 $\vec{b}$를 4개 좌표의 순서쌍이라 두자. 길이 4인 벡터들에 대한 함수 T를 다음과 같이 정의한다.

$$T(\vec{v}) = M\vec{v} + \vec{b}$$

없을 것이다.

보드게임 SET에 담긴 수학 2

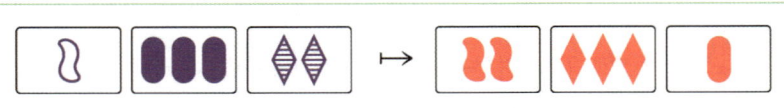

[그림 8.14] 변환 T는 첫 번째 SET을 두 번째 SET으로 보낸다

이 함수를 위에서 정의했던 M과 벡터 $\vec{b} = (0,1,1,2)$인 경우에서 다루어 보자. 연습을 위해 SET을 이루는 세 벡터 $\vec{v_1} = (1,1,0,2)$, $\vec{v_2} = (0,1,2,1)$, $\vec{v_3} = (2,1,1,0)$에 변환을 적용시켜 보자. $\vec{v_1} = (1,1,0,2)$에 대해 $M\vec{v_1} + \vec{b} = (2,2,2,2)$가 된다. 우리는 이것을 벡터 $\vec{v_1}$('1개 보라 속이 빈 꿈틀이')을 $T(\vec{v_1}) = (2,2,2,2)$('2개 빨강 속이 찬 꿈틀이')로 보내는 함수로 생각할 수 있다. [표 8.5]에는 T가 두 벡터를 무엇으로 보내는지가 나와 있다.

세 장의 카드 $\vec{v_1}$, $\vec{v_2}$, $\vec{v_3}$가 SET을 이루고 있고, $T(\vec{v_1})$, $T(\vec{v_2})$, $T(\vec{v_3})$도 SET을 **이룸에** 주목하자. ([그림 8.14]를 보자.) (당신은 이러한 SET들이 가진 같은 속성의 개수가 서로 다르다는 것에 주목하기 바란다. 첫 번째 SET은 1가지의 속성이 같고, 두 번째 것은 2가지의 속성이 같다.) 이것은 일반적인 아핀 변환에 대해 항상 성립한다.

> 아핀 변환은 SET을 SET으로 보낸다.

[표 8.5] SET을 이루는 세 장의 카드에 변환 $T(\vec{v}) = M\vec{v} + \vec{b}$를 적용한 결과

입력	카드	출력	카드
(1,1,0,2)	1개 보라 속이 빈 꿈틀이	(2,2,2,2)	2개 빨강 속이 찬 꿈틀이
(0,1,2,1)	3개 보라 속이 찬 둥근 모양	(0,2,2,0)	3개 빨강 속이 찬 다이아몬드
(2,1,1,0)	2개 보라 줄무늬 다이아몬드	(1,2,2,1)	1개 빨강 속이 찬 둥근 모양

우리는 이 사실을 증명할 수 있다. 세 벡터 $\vec{v_1}, \vec{v_2}, \vec{v_3}$가 SET을 이룬다고 가정하자. 그러면 $\vec{v_1}+\vec{v_2}+\vec{v_3}=\vec{0}$이 성립한다. 우리는 $T(\vec{v_1}), T(\vec{v_2}), T(\vec{v_3})$에 대해서도 같은 것이 성립하는지 보여야 하는데, 즉 다음을 보여야 한다.

$$T(\vec{v_1}) + T(\vec{v_2}) + T(\vec{v_3}) = \vec{0}$$

이는 다음과 같이 보일 수 있다.

$$T(\vec{v_1}) + T(\vec{v_2}) + T(\vec{v_3}) = (M(\vec{v_1})+\vec{b}) + (M(\vec{v_2})+\vec{b}) + (M(\vec{v_3})+\vec{b})$$
$$= M(\vec{v_1}+\vec{v_2}+\vec{v_3}) + 3\vec{b}$$
$$= M\vec{0} + \vec{0}$$
$$= \vec{0}$$

아핀 변환은 교차SET, 평면, 초평면도 보존한다. (연습문제 8.8을 보자.) 이로부터 우리는 아핀 변환이 우리가 원하는 모든 것을 보존한다고 결론 내릴 수 있다. (9장에서 우리는 당신이 생각지 못했던 것들도 보존된다는 사실을 보일 것인데, 예를 들면 SET이 없는 카드 모임도 보존된다.)

우리의 변환은 카드 전체를 뒤섞기를 원하기 때문에, 행렬이 **비특이 행렬(nonsingular matrix)**이 되기를 원한다. 이것은 변환이 일대일대응(one-to-one)임을 의미하는데, 그러므로 어떤 두 입력 카드도 같은 출력을 가지지 않게 된다. 행렬이 비특이 행렬이 되는 것을 확인하는 수많은 방법이 있으나, 우리는 여기에서 이것들이 굳이 필요하지 않다.

이제 논쟁적인 진술을 하나 하겠다.

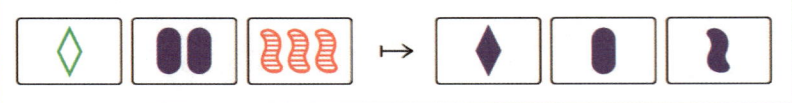

[그림 8.15] 처음 SET을 두 번째 SET으로 보내는 아핀 변환을 찾으시오.

> SET은 아핀 변환에 의한 대칭에 의해 모두 같다.

이 진술이 무엇을 의미하는지를 설명하면 다음과 같다. 만일 SET을 2개 고르면, 하나를 다른 하나로 보내는 아핀 변환이 존재한다. (사실 이러한 변환이 꽤 많이 있다는 것을 곧 보게 될 것이다.) 우리는 임의의 두 SET을 **아핀 동치**(affine equivalent)라 부른다.

이제 예를 소개할 시간이다. 벡터 $\{(1,0,0,0), (2,1,2,1), (0,2,1,2)\}$ 와 $\{(1,1,2,0), (1,1,2,1), (1,1,2,2)\}$로 표현된 2개 SET을 생각하자. 이 SET들은 [그림 8.15]에 나타나 있다. 우리는 첫 번째 SET을 두 번째 SET으로 보내는 아핀 변환을 찾고 싶다. 첫 번째 SET을 $\{\vec{v_1}, \vec{v_2}, \vec{v_3}\}$으로, 두 번째를 $\{\vec{w_1}, \vec{w_2}, \vec{w_3}\}$로 두자.

이제 M과 $\vec{b}$를 다음과 같이 두자.

$$M = \begin{pmatrix} a_{11} & a_{12} & a_{13} & a_{14} \\ a_{21} & a_{22} & a_{23} & a_{24} \\ a_{31} & a_{32} & a_{33} & a_{34} \\ a_{41} & a_{42} & a_{43} & a_{44} \end{pmatrix}, \; \vec{b} = \begin{pmatrix} b_1 \\ b_2 \\ b_3 \\ b_4 \end{pmatrix}$$

우리는 20개 미지수를 결정해야 하는데, 행렬 M과 벡터 $\vec{b}$가 $T(\vec{v_1}) = \vec{w_1}$, $T(\vec{v_2}) = \vec{w_2}$, $T(\vec{v_3}) = \vec{w_3}$를 만족하도록 결정해야 한다. 이 조건은 우리에게 12개 방정식을 제공한다.

$$T(\vec{v_1}) = \vec{w_1} \Rightarrow \begin{cases} a_{11} + b_1 = 1 \\ a_{21} + b_2 = 1 \\ a_{31} + b_3 = 2 \\ a_{41} + b_4 = 0 \end{cases}$$

$$T(\vec{v_2}) = \vec{w_2} \Rightarrow \begin{cases} 2a_{11} + a_{12} + 2a_{13} + a_{14} + b_1 = 1 \\ 2a_{21} + a_{22} + 2a_{23} + a_{24} + b_2 = 1 \\ 2a_{31} + a_{32} + 2a_{33} + a_{34} + b_3 = 2 \\ 2a_{41} + a_{42} + 2a_{43} + a_{44} + b_4 = 1 \end{cases}$$

$$T(\vec{v_3}) = \vec{w_3} \Rightarrow \begin{cases} 2a_{12} + a_{13} + 2a_{14} + b_1 = 1 \\ 2a_{22} + a_{23} + 2a_{24} + b_2 = 1 \\ 2a_{32} + a_{33} + 2a_{34} + b_3 = 2 \\ 2a_{42} + a_{43} + 2a_{44} + b_4 = 2 \end{cases}$$

우리가 M과 $\vec{b}$의 해를 하나 찾으면 다음과 같다.

$$T(\vec{v}) = \begin{pmatrix} 0 & 1 & 1 & 0 \\ 1 & 1 & 0 & 1 \\ 0 & 2 & 0 & 1 \\ 0 & 1 & 0 & 0 \end{pmatrix} \vec{v} + \begin{pmatrix} 1 \\ 0 \\ 2 \\ 0 \end{pmatrix}$$

당신은 이 아핀 변환이 SET {(1,0,0,0), (2,1,2,1), (0,2,1,2)}을 SET {(1,1,2,0), (1,1,2,1), (1,1,2,2)}으로 순서대로 옮긴다는 것을 확인할 수 있을 것이다. (우리가 당신에게 아주 많은 세부적인 계산을 남겨 두었지만, 기본적으로 12개 방정식은 8개 방정식으로 줄일 수 있다. 방정식보다 더 많은 변수가 있기 때문에, 이 방정식들은 **미결정**(underdetermined)이 되고, 그러므로 무수히 많은 해를 가진다.)

이제 우리는 이번 절의 동기를 부여했던 다음 질문에 대해 답할 준비가 되었다.

질문
아핀 변환은 얼마나 많이 있는가?

보드게임 SET에 담긴 수학 2

우리는 이 질문을 기하적으로 해석할 수 있다. 우리는 5개 점이 **자유로운 위치**(free position), 즉 어느 세 점도 한 직선 위에 없고, 어느 네 점도 한 평면 위에 없으며, 다섯 점이 한 초평면 위에 놓이지 않을 때, 이 5개 점을 다른 자유로운 위치의 5개 점으로 보내는 아핀 변환을 **유일하게** 결정할 수 있다. 아핀 변환은 다음 성질을 보존한다. 만일 점들이 자유로운 위치에 있다면, 아핀 변환에 의해 움직인 점들도 자유로운 위치에 놓인다.

그러므로 아핀 변환은 자유로운 위치에 놓인 5개 점의 출력값에 의해 유일하게 결정된다. 우리는 자유로운 위치에 있는 5개 특별한 점을 뽑을 것이다. $(0,0,0,0), (0,0,0,1), (0,0,1,0), (0,1,0,0), (1,0,0,0)$. 그렇다면 얼마나 다른 출력값이 존재하는가? 이에 대한 답은 $81 \times 80 \times 78 \times 72 \times 54 = 1965150720$인데, 이 숫자는 6장에서 전체 카드 묶음을 펼쳐 놓는 가짓수와 일치한다.

마지막으로, 이것을 n차원으로 확장하면 어떻게 되는가? 위의 논의를 그대로 따라가면 답을 얻을 수 있다. n차원 전체 카드 묶음이 가진 대칭의 수는 다음과 같다.

$$3^n(3^n-1)(3^n-3)(3^n-3^2)\cdots(3^n-3^{n-1})$$

이 숫자는 우리가 6장에서 정의했던 $h(n, n-1)$의 분자임에 주목하자.

8.5 SET의 서로 다른 속성의 개수를 보존하기

모든 SET은 아핀 동치이므로, 아핀 변환은 모든 SET을 동일한 것으로 다룬다. 하지만 SET이 가진 특별한 성질 중 하나는, 우리가 SET이 같은 속성을 몇 개 가지는지에 따라 분류할 수 있다는 것이다. 우리는 n차원 게임에서 k가지의 속성이 같은 SET의 개수는 n과 k에 모두 의존한다는 것을 보았었다. 이것은 6장과 7장에서 주로 다루었다.

그에 더하여, 서로 다른 종류의 SET에 관심을 가지는 것은 실제 게임을 할 때에 대단히 중요하다. 하나의 속성만 다른 SET은 많은 게임 참가자들이 가장 쉽게 찾을 수 있으나, 다른 타입의 SET보다는 개수가 더 적다.

이러한 동기를 가지고, 우리는 다음 질문을 던진다.

> **질문**
> 모든 SET의 같은 속성의 개수를 보존하는 아핀 변환은 얼마나 많이 존재하는가?

우리는 이 질문에 답하기 위해 선형대수학을 사용할 것이다. 우리는 속성의 개수를 보존하는 아핀 변환이 정확하게 카드들에 좌표를 부여하는 서로 다른 방식들에 대응한다는 사실을 확인할 것이다. 먼저 조건을 만족하는 아핀 변환의 예를 살펴보자.

1. 좌표의 순서를 바꾸는 경우. 좌표의 순서를 바꾸는 경우의 수는 모두 4!이다.

- 예를 들어 주어진 카드에 대하여, 우리는 마지막 3개 좌표를 순환시킬 수 있다. 이를 벡터로 표현하면 다음과 같다.

$$(\vec{v_1}, \vec{v_2}, \vec{v_3}, \vec{v_4}) \mapsto (\vec{v_1}, \vec{v_4}, \vec{v_2}, \vec{v_3})$$

예를 들어 주어진 카드가 '1개 초록 속이 빈 둥근 모양'이라 하자. 이를 벡터로 표현하면 (1, 0, 0, 1)이다. 여기에서 마지막 세 좌표를 순환시키면 벡터 (1, 1, 0, 0)을 얻는데, 이는 '1개 보라 속이 빈 다이아몬드' 카드에 대응한다.

2. 한 속성의 표현을 바꾸는 경우. 각각의 속성은 3개 값을 가지므로, 표현을 바꾸는 경우의 수는 3!이다.

- 예를 들어, 두 번째 속성에서 0과 2를 서로 뒤바꾼다고 하자. 카드에서 이것은 초록색을 빨간색과 뒤바꾸는 것에 대응한다. 이를 벡터로 표현하면 다음과 같다.

$$(\vec{v_1}, \vec{v_2}, \vec{v_3}, \vec{v_4}) \mapsto (\vec{v_1}, 2-\vec{v_2}, \vec{v_3}, \vec{v_4})$$

우리의 이전 예에서 출력으로 나온 '1개 보라 속이 빈 다이아몬드' 카드가 이번에는 어떻게 바뀌는지 살펴보자. 이번에는 (1, 1, 0, 0) ↦ (1, 1, 0, 0)이 된다. 이는 이 변환이 이 카드(사실은 모든 보라색 카드)를 고정한다는 것을 의미한다.

- 마지막으로, 첫 번째 속성에만 집중했을 때, 1↦0↦2 순서의 싸이클을 만들 수 있다. 이를 벡터로 표현하면 다음과 같다.

$$(\vec{v_1}, \vec{v_2}, \vec{v_3}, \vec{v_4}) \mapsto (\vec{v_1}+2, \vec{v_2}, \vec{v_3}, \vec{v_4})$$

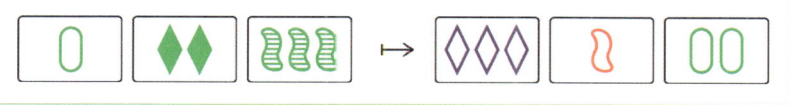

[그림 8.16] 같은 속성의 개수를 보존하는 아핀 변환. 각각의 SET은 하나의 속성이 같고 3개가 다르다.

우리가 계속 사용하고 있는 예에서 보면, 벡터는 $(1, 1, 0, 0) \mapsto (0, 1, 0, 0)$이므로 출력 결과는 '3개 보라 속이 빈 다이아몬드' 카드이다.

우리는 이러한 세 가지 변환을 합성하여 새로운 아핀 변환을 얻을 수 있다.

$$(\vec{v_1}, \vec{v_2}, \vec{v_3}, \vec{v_4}) \mapsto (\vec{v_1}+2, \ 2-\vec{v_4}, \ \vec{v_2}, \ \vec{v_3})$$

이 변환이 SET을 어떻게 바꾸는가? 예를 하나 살펴보자.

벡터 표현이 $\{(1, 0, 0, 1), (2, 0, 2, 0), (0, 0, 1, 2)\}$인 SET을 뽑자. 위의 변환을 세 벡터에 적용하면 다음을 얻는다.

$$(1, 0, 0, 1) \mapsto (0, 1, 0, 0), \ (2, 0, 2, 0) \mapsto (1, 2, 0, 2),$$
$$(0, 0, 1, 2) \mapsto (2, 0, 0, 1)$$

카드들로 표현하면 이 변환은 [그림 8.16]의 왼쪽 SET을 오른쪽 SET으로 보내었다. (첫 번째 카드들은 우리가 이 변환을 설명하기 위해 계속 사용하고 있는 예이다.) 각각의 SET은 하나의 속성이 같고 3개가 서로 다르다는 것에 주의하자. 즉, 이 변환은 서로 다른 속성의 개수를 보존하고 있다.

어떤 행렬 M과 벡터 $\vec{b}$가 이 변환에 대응하는가? 당신은

$$M = \begin{pmatrix} 1 & 0 & 0 & 0 \\ 0 & 0 & 0 & -1 \\ 0 & 1 & 0 & 0 \\ 0 & 0 & 1 & 0 \end{pmatrix}, \vec{b} = \begin{pmatrix} 2 \\ 2 \\ 0 \\ 0 \end{pmatrix}$$

이 변환에 대응함을 확인할 수 있을 것이다.

주어진 하나의 좌표의 수를 뒤바꾸는 변환은 모든 카드에 똑같은 영향을 주게 된다. 그러므로 이것은 주어진 SET이 가진 같은 속성의 개수를 변화시키지 않는다. 좌표들끼리 순서를 바꾸는 것도 마찬가지로 변화를 주지 않는다.

이러한 변환은 모두 몇 개가 존재하는가? 좌표들끼리 순서를 바꾸는 경우의 수는 $4! = 24$개이고, 각각의 4개 좌표에 대해 좌표 안에서 수를 뒤바꾸는 경우의 수는 $3! = 6$가지이다. 그러므로 우리는 원하는 성질을 가진 아핀 변환의 개수는 최소 $4! \times 6^4 = 31104$개가 있다.

이것보다 더 많은 변환이 존재할 수 있는가? 대답은 아니오이다. 이것을 설명하는 데에는 다소 시간이 걸리고, 마지막 두 절에서 개발한 많은 아이디어를 사용해야 한다.

1. 먼저 $T(\vec{v}) = M\vec{v} + \vec{b}$를 SET의 서로 다른 속성의 개수를 보존하는 아핀 변환이라 가정하자. 이제 $T(0,0,0,0)$과 $T(1,0,0,0)$을 보자.
$T(\vec{v}) = M\vec{v} + \vec{b}$라 두면, $M\vec{0} = \vec{0}$이므로 $T(0,0,0,0) = \vec{b}$이다. 이제 $T(1,0,0,0) = \vec{c_1} + \vec{b}$이 되는데, 여기에서 $\vec{c_1}$은 M의 첫 번째 열이다. 왜 이 식이 성립하는지 보려면, M에 벡터 $(1, 0, 0, 0)$을 직접 곱해보자. 이것은 우리가 행렬과 벡터의 곱을 정의한 방식 때문에 바로 유도될 것이다.

2. 다음으로, SET $\{(0, 0, 0, 0), (1, 0, 0, 0), (2, 0, 0, 0)\}$은 하나의 속성만 다르다. 이것은 SET $\{T(0,0,0,0), T(1,0,0,0), T(2,0,0,0)\}$도 하나의 속성만 달라야 함을 의미한다. 특별히 이것은

$$T(1,0,0,0) - T(0,0,0,0)$$에는 0이 아닌
좌표가 1개만 있어야 한다

는 것을 의미한다. 이것은 출력된 SET에서 서로 다른 속성에 대응하는 좌표의 값만 0이 아닌 값으로 나오게 됨을 의미한다.

3. 하지만 $T(1,0,0,0) - T(0,0,0,0) = \vec{c_1}$이고, 이는 M의 첫 번째 열이다. 그러므로 (2)에 의해 $\vec{c_1}$에는 오직 하나의 0이 아닌 원소가 있음을 결론 내릴 수 있다.

4. 두 번째 열에 대해서도 같은 식이 성립한다 - 다음 SET을 사용하면 된다.

$$\{(0,0,0,0), (0,1,0,0), (0,2,0,0)\}$$

같은 논증을 세 번째, 네 번째 열에 대해서도 반복할 수 있다. 그러므로 행렬의 각각의 열에는 오직 하나의 0이 아닌 원소가 존재한다. 이는 전체 행렬에는 오직 4개 0이 아닌 원소가 존재한다는 것을 의미한다.

5. 마지막으로 각각의 **행**에는 오직 하나의 0이 아닌 원소가 존재한다. 왜 그런가? 만일 이것이 거짓이라면 한 행의 원소가 모두 0인 경우가 발생하는데, 이러한 변환은 일대일대응이 될 수 없다. (이것의 진짜 문제는 이러한 변환이 차원을 줄인다는 것이다. 즉, 더 이상 전체 카드 묶음에서 카드를 뒤섞는 것이 아니다.)

우리는 행렬 M을 **부호가 있는 순열 행렬**(signed permutation matrix)이라 결론 내릴 수 있다. 이 행렬은 각 행과 각 열에 0이 아닌 원소가 하나만 존재하고, 그 값은 ± 1이다. 그러면 M의 0이 아닌 원소의 위치를 결정하는 방법은 4!가지이고, 원소가 1과 -1 중 어느 값인지를 결정하는 방법은 2^4가지이다. 그러므로 부호가 있는 순열 행렬의 개수는 $2^4 \times 4!$이 된다.

하지만 우리는 평행이동 벡터 $\vec{b}$도 골라야 한다. 이 벡터는 모두 3^4개 뽑을 수 있다. 평행이동이 SET의 속성을 변화시키지 않는다는 사실은 당연하다.

이 모든 결과들을 종합하면, 서로 다른 속성의 개수를 보존하는 변환의 개수는 $2^4 \times 4! \times 3^4$가 된다. 하지만 이것을 계산하면 31104와 같으며, 이전의 답과 똑같다. 그러므로 선형대수학으로부터 좌표끼리 교환하거나 한 고정된 좌표의 수를 교환시키는 간단한 작업만이 SET의 서로 다른 속성의 개수를 보존시키는 아핀 변환이 됨을 알게 되었다.

n차원 버전의 게임에서도 동일한 논증이 성립한다. 이로부터 n차원 게임에서 SET의 서로 다른 속성의 개수를 보존하는 아핀 변환의 수는 $6^n \times n!$임을 결론 내릴 수 있다. 그리고 이것이 전부임을 보이기 위해 선형대수학을 사용하였다.

 핵심 요약

아핀 변환은 SET을 SET으로 보낸다. 만일 당신이 모든 SET의 서로 다른 속성의 수를 보존하는 아핀 변환을 원한다면, 그 변환은 좌표끼리 교환하거나 한 고정된 좌표의 수를 교환하는 변환의 합성이 되어야 한다. 그러한 변환은 모두 $6^n \times n!$개만큼 존재한다.

우리는 이번 절을 세 가지 중요한 코멘트로 마무리하고자 한다.

1. 코딩 이론의 관점에서 주어진 SET의 서로 다른 속성의 개수를 **SET의 무게**라 정의하였다. 우리는 방금 SET의 무게를 보존하는 모든 변환을 결정하였다. 이때 우리의 일반적인 증명은 SET의 무게가 1인 경우의 성질만을 사용했었다. 그러므로 우리는 다음과 같은 강한 결론을 내릴 수 있다.

> 만일 아핀 변환이 무게가 1인 모든 SET의 무게를 보존한다면, 이 변환은 모든 SET의 무게를 보존한다.

2. 우리는 이 책에서 지속적으로, 좌표를 부여하는 방식의 임의성에 대해 언급을 했었다. 각각의 좌표가 0, 1, 2만 가능하고 모든 계산을 mod3로 생각할 때, 얼마나 많은 방식으로 좌표를 부여할 수 있는가? 그 답은 $6^4 \times 4!$이고, 일반적인 n가지의 속성 게임의 경우는 $6^n \times n!$이다. 이것을 보려면 다시 번호를 매기는 것이 우리가 이번 절에서 다루었던 방법이었음을 생각하면 된다. n개 좌표끼리 교환을 하던지, 고정된 좌표의 값 [0, 1, 2]를 교환하는 방법 말이다. 이것이 우리가 이번 절에서 아핀 변환이 했던 역할이었다.

3. (만일 당신이 군 이론을 조금 안다면) 사실 우리는 무게를 보존하는 변환으로 이루어진 부분군의 구조를 $(S_3)^n \rtimes S_n$으로 표현할 수 있는데, 여기에서 S_n은 n개 기호에 대한 모든 순열로 이루어진 대칭군(symmetric group)이고, $\rtimes$은 **반직접곱(semidirect product)**을 의미한다.

연/습/문/제

8.1. [그림 8.3]에 있는 SET과 추가 카드에 대하여, 8.2.2절에서 소개한 과정이 벡터 $\vec{w}$를 만들기 위해 우리가 골랐던 SET 카드에 의존하지 않음을 보이시오. 다시 말하면, 우리가 두 번째나 세 번째 카드를 이용하여 $\vec{w}$를 정의했더라도 똑같은 평행한 SET이 얻어짐을 보이시오.

8.2. 이번 연습문제에서는 방향 벡터들이 두 SET이 평행한지를 결정하는 데에 사용될 수 있다는 사실을 증명하려 한다.

    a. SET S가 하나 주어져 있다고 하자. 방향 벡터는 상수 2를 곱하는 것을 무시했을 때 유일하게 결정됨을 보이시오. 즉 SET의 임의의 두 벡터 $\vec{u}, \vec{v}$에 대하여, $\vec{0}$이 아닌 벡터 $\vec{d}$가 존재하여 $\vec{u}-\vec{v}=\vec{d}$ 또는 $\vec{u}-\vec{v}=2\vec{d}$가 성립함을 보이시오.

    b. (a)를 이용하여 두 SET이 평행할 필요충분조건은 그들의 방향벡터가 상수배로 일치하는 것임을 보이시오.

8.3. $3^{n-1}(3^n-1)/2$개 n차원 SET 전체에 대해 다음과 같은 관계(relation)를 정의하자. 두 SET S_1과 S_2는 $S_1=S_2$이거나 서로 평행할 때 관계가 있다. 평행함을 벡터로 표현하는 방법을 이용하여 이 관계가 추이적(transitive)임을 보이시오. 즉,

S_1이 S_2와 평행하고, S_2와 S_3가 평행하면, S_1과 S_3가 평행함을 보이시오.

8.4. 전체 카드 묶음이 멋지게 배열되어 있는 [그림 8.6]을 보자. 위의 왼쪽에 있는 '2가 초록 줄무늬 꿈틀이'를 보자.

 a. 위 왼쪽에 있는 평면 속에서 주어진 카드를 포함하는 SET을 하나(이번 장에서 사용하지 않았던 것으로) 고르자. 당신의 SET과 평행한 모든 26개 SET을 찾고 설명하여라.
 b. 이제 주어진 카드를 포함하고 위 왼쪽 평면에 완전히 놓여 있지는 않은 SET을 하나(그림에서 설명하지 않은 것으로) 고르자. 당신의 SET과 평행한 모든 26개 SET을 찾고 설명하여라. 정말로 멀리 퍼져있는 SET에 대해서는 보너스 점수를 주겠다.

8.5. SET을 이루지 않는 세 카드에 대하여 이에 대응하는 세 벡터 $\vec{x}$, $\vec{y}$, $\vec{z}$가 있다.

[표 8.6] 같은 직선 위에 있지 않은 세 점 $\vec{x}$, $\vec{y}$, $\vec{z}$를 이용하여 평면을 만드시오.

$\vec{x}$	$\vec{y}$	
$\vec{z}$		

a. [표 8.6]의 비어 있는 곳에 벡터를 채워 평면을 만드시오. 주의 : 모든 벡터들은 $\vec{x}, \vec{y}, \vec{z}$로 쓰여야 한다.
b. [표 8.2]에 있는 네 벡터 $\vec{v_1}, \vec{v_2}, \vec{v_3}, \vec{w}$와 [표 8.6]에 있는 세 벡터 $\vec{x}, \vec{y}, \vec{z}$ 사이의 관계식을 찾아, [표 8.6]과 [표 8.2]의 항목들이 동일함을 보이시오.

8.6. 공통된 카드를 포함하지 않은 두 SET이 평행할 필요충분조건은 두 SET을 동시에 포함하는 평면이 존재하는 것임을 벡터를 이용하여 보이시오.

8.7. 당신이 좋아하는 카드를 하나 뽑고, 주어진 카드를 포함하면서 하나의 속성이 같은 서로 다른 두 개의 SET을 만들어라. 이번 연습문제에서는 서로 다른 두 SET이 가진 각자의 같은 속성이 서로는 다를 수 있음에 주의하여라.

a. 이 두 SET을 포함하는 평면을 구성하여라. 이 평면 안에 놓인 SET은 항상 하나의 속성만 같음을 보이시오.
b. 평면에는 네 가지 종류의 평행한 SET이 존재하는데, 이것들은 평면에 있는 12개 SET들을 그룹으로 나눈다. 각각의 그룹마다 같은 하나의 속성이 달라지는데, 예를 들면 한 그룹은 색깔이 같고, 다른 그룹은 개수가 같고, 또 다른 그룹은 무늬가 같고, 마지막 그룹은 모양이 같을 수 있다. (이때 같지 않은 속성들도 주어진 그룹에 따라 달라진다.) 왜 이러한 현상이 생기는지 벡터를 이용하여 설명하여라.

c. 전체 카드 묶음에서 당신의 평면에 있지 않은 임의의 카드는, 평면에 있는 단 하나의 카드와 하나의 속성만 다르게 됨을 보이시오. (a)에서 당신이 만든 평면의 각각의 카드에 대하여, 그 카드와 하나의 속성만 다른 8개 카드들을 각각 모아보시오. (우리는 이것들을 **코드 평면(code plane)**이라고 부른다. 이 평면에 대한 더 많은 정보는 J. Beineke와 J. Rosenhouse가 편집한 책 《*The Mathematics of Various Entertaining Subjects: Research in Recreational Math, Princeton University Press*, 2015》에 〈*Error detection and correction using SET*〉을 참고하라.)

8.8. T를 아핀 변환이라 하자. T가 SET을 SET으로 보낸다는 사실을 이용하여 다음 사실들을 증명하시오.

   a. T는 교차SET을 교차SET으로 보낸다.
   b. T는 평면을 평면으로 보낸다.
   c. T는 초평면을 초평면으로 보낸다.
   d. T는 SET이 없는 카드들의 모임을 (같은 크기의) SET이 없는 카드들의 모임으로 보낸다.

8.9. 다음과 같이 벡터들을 보내는 유일한 아핀 변환을 찾으시오.

$$(1,0,0,0) \mapsto (1,1,2,0),$$
$$(2,1,2,1) \mapsto (1,1,2,1),$$
$$(0,1,0,2) \mapsto (2,0,1,0),$$
$$(2,2,2,0) \mapsto (2,0,0,1),$$
$$(1,1,1,2) \mapsto (0,0,0,0).$$

8.10. 아핀 변환은 평행함을 보존함을 보이시오. 즉 T가 아핀 변환이고 A와 B가 평행한 SET이면, $T(A)$와 $T(B)$도 평행함을 보이시오.

프/로/젝/트

[그림 8.17] 서로 수직인 두 SET. 방향 벡터들이 $\vec{d_1} \cdot \vec{d_2} = 0 \pmod 3$을 만족한다.

8.1. (서로 수직인 SET) 우리는 서로 **수직(perpendicular)**인 SET들을 정의할 수 있다. 이를 위해 먼저 두 벡터 사이의 내적을 정의할 필요가 있다.

두 벡터 $\vec{v_1} = (a_1, b_1, c_1, d_1)$, $\vec{v_2} = (a_2, b_2, c_2, d_2)$를 생각하자. **내적(dot product, inner product, scalar product)**은 다음과 같이 정의된다.

$$\vec{v_1} \cdot \vec{v_2} = a_1 a_2 + b_1 b_2 + c_1 c_2 + d_1 d_2 \pmod 3.$$

보통의 유클리드 기하에서 내적은 두 벡터의 크기의 곱과 두 벡터가 이루는 각 θ의 코사인 값을 곱한 것과 같다.

$$\vec{u} \cdot \vec{v} = |\vec{u}||\vec{v}| \cos\theta$$

$\cos 90° = 0$이므로, 우리는 두 벡터가 서로 수직일 조건을 다음과 같이 바로 얻을 수 있다.

$$\vec{u} \perp \vec{v}\text{일 필요충분조건은 } \vec{u} \cdot \vec{v} = 0$$

이것을 SET에서도 성립하게 하려면, 우리는 SET의 방향 벡터를 사용해야 한다. 이전과 같이 방향 벡터 $\vec{d}$는 SET의 임의의 두 벡터의 차로 계산한다. [그림 8.17]의 두 SET을 보자.

그러면 방향 벡터들은 다음과 같다.

SET 1: $\vec{d_1} = (2,1,2,1) - (1,0,2,2) = (1,1,0,2)$,
SET 2: $\vec{d_2} = (2,1,1,0) - (2,0,0,2) = (0,1,1,1)$.

그러면 $\vec{d_1} \cdot \vec{d_2} = (1,1,0,2) \cdot (0,1,1,1) =$
$1 \times 0 + 1 \times 1 + 0 \times 1 + 2 \times 1 = 0 \pmod 3$ 이므로, 이 SET들은 서로 수직이다. 참고로 $\vec{d_2} = (2,2,2,1) - (2,0,0,2) = (0,2,2,2)$
$= 2(0,1,1,1)$로 계산해도 $(1,1,0,2) \cdot (0,2,2,2) = 0$
$\pmod 3$이므로 변화가 없다.

a. 자신이 자기 자신과 수직인 SET들을 모두 찾으시오. (그렇다, 이런 일이 발생할 수 있다)
b. 서로 수직인 성질은 아핀 변환에 의해 보존되지 않음을 보이시오, 즉 서로 수직인 두 SET A, B와 변환 T 중에서 $T(A)$와 $T(B)$가 수직이 아닌 예를 찾으시오.
c. 변환 T가 수직을 보존할 필요충분조건은 T가 8.5절에서 정의한 특별한 변환이어야 함을 보이시오.
d. 한 SET에 대해 얼마나 많은 수직인 SET이 존재하는가? 이 숫자가 처음 뽑은 SET에 의존하지 않음을 보이고, 주어진 SET에 수직인 SET들의 모임의 기하학적 구조를 설명하시오.
e. A, B, C를 각각 SET이라 두자. 만일 A와 B가 서로 수직인 SET이고, A와 C가 평행하다면, B와 C는 반드시 서로 수직임을 보이시오.

[그림 8.18] 한 카드에서 교차하는 서로 수직인 두 SET

f. 두 SET이 서로 수직임을 한 눈에 알아보는 것은 쉽지 않아[33] 보인다. 이것을 간단히 하도록 우리는 교차SET에 집중할 것이다. [그림 8.18]을 보자. 만일 SET A가 이 두 SET과 모두 수직이라면, A는 이 두 SET이 결정하는 평면에 놓인 임의의 SET과 수직임을 보이시오.

g. 좌표를 이용하지 않고 빠르게 수직임을 확인하는 방법을 찾으시오. (평행한 SET이 가지고 있는 순환 속성들을 활용해 보자.)

8.2. (아핀 폐포(Affine closure)) 우리는 평면이나 초평면이 **닫혀 있다**(closed)는 표현을 사용했었다. 평면이나 초평면에 놓인 임의로 주어진 두 장의 카드에 대하여, SET을 만드는 세 번째 카드가 항상 그 평면이나 초평면에 놓일 때 닫혀있다고 했었다. 이것이 SET 제조사의 홈페이지에서 "마법 사각형"이라는 표현을 쓴 이유일 것이다.

당신은 폐포를 이전에 본 적이 있을 것이다. 대수에서 대수적 대상(군이나 환, 벡터 공간…)에 주목하고 있을 때 이항 연산에

---

[33] 솔직히 여기에서 패턴을 찾는 것은 거의 가망 없는 일 같다. 하지만 그래도 희망은 있다.

대해 닫혀있다는 표현을 썼었다. 이것은 위상수학에서도 나타나는데, 부분집합이 닫혀있다는 것은 그 여집합이 열려있다는 뜻이다. 우리는 **아핀 폐포(affine closure)**에 관심이 있다. 먼저 몇 가지 정의를 내리자.

- 점 $P \in \mathrm{AG}(n,3)$가 다음 두 조건을 만족시킬 때, P를 점의 모임 $\{P_1, P_2, \cdots, P_k\}$의 **아핀 조합(affine combination)**이라고 정의하자.

    a. 어떤 상수 $c_i = 0, 1, 2$에 대하여
    $P = c_1 P_1 + c_2 P_2 + \cdots + c_k P_k$를 만족하고,
    b. $c_1 + c_2 + \cdots + c_k = 1 \pmod{3}$를 만족한다.

- 부분집합 $S \subseteq \mathrm{AG}(n,3)$에 대하여 S의 점들의 아핀 조합이 항상 S의 원소가 될 때 S를 **아핀적으로 닫혀있다(affinely closed)**고 한다.

- $S \subseteq \mathrm{AG}(n,3)$에 대하여 S를 포함하는 가장 작은 아핀적으로 닫혀있는 부분집합을 $\overline{S}$이라 정의하자. 우리는 $\overline{S}$를 S의 **아핀 폐포(affine closure)**라 정의한다.

이러한 배경지식을 가지고 다음을 해결하시오.

    a. $S = \{P_1, P_2\}$를 임의의 두 장의 SET 카드라 두자. 그러면 $\overline{S}$는 이 두 장의 카드를 포함하는 SET이 됨을 보이시오.

    b. $\mathrm{AG}(4,3)$의 부분집합이 아핀적으로 닫혀있을 필요충분조

건은 이것이 점이던지, SET이던지, 평면이던지, 초평면이
던지, 전체 카드 묶음이어야 함을 보이시오.

c. $S \subseteq AG(n,3)$를 점들의 임의의 집합이라 두자. 다음을 보이시오.
   - $S \subseteq \overline{S}$,
   - $\overline{\overline{S}} = \overline{S}$.

d. 당신이 S에 다음과 같은 방법으로 반복적으로 점들을 추가하여 $\overline{S}$를 얻을 수 있음을 보이시오.

   ⅰ) S에 있는 점들의 임의의 쌍에 추가했을 때 SET이 되는 모든 카드들의 모임을 S'라 두었을 때, S를 $S \cup S'$으로 교체하시오.
   ⅱ) 위의 과정을 추가되는 점이 없을 때까지 반복하시오.

이 과정을 다음과 같은 각각의 부분집합들에 적용하였을 때, 당신이 $\overline{S}$에 도달하기까지 필요한 과정의 횟수를 찾으시오.

- S는 두 장의 카드이다.
- S는 SET을 이루지 않는 세 장의 카드이다.
- S는 같은 평면에 놓이지 않은 네 장의 카드이다.
- S는 같은 초평면에 놓이지 않은 다섯 장의 카드이다.

e. 만일 $c_1 + c_2 + \cdots + c_\ell = 1$ 조건을 삭제한다면 어떠한 일이 발생하는가?

CHAPTER
09

아핀 기하 플러스

보드게임 SET에 담긴 수학

9.1 서론

우리는 5장에서 SET과 아핀 기하의 연관성을 탐구했었다. 우리는 여기에서 그 연관성을 다시 한번 살펴보고 새로운 기하적인 개념들을 소개하고자 한다. 우리의 기하에서 점은 각각의 카드이고, SET은 직선이었음을 기억하라. 카드 전체 묶음은 차수가 3인 사차원 아핀 기하 AG(4,3)을 이루었다. 여기에서 사차원은 게임 속성의 개수에 대응하고, 차수는 직선 위에 놓인 점의 개수가 3개라는 사실에 대응하는데 이는 세 장의 카드가 SET을 이루는 것을 의미한다.

이러한 관련성을 가지고 으리는 유한기하 AG(3,3)과 AG(2,3)도 SET 카드들을 이용하여 시각화할 수 있다. AG(3,3)의 경우는, 예를 들어 개수와 무늬와 모양은 다양하지만 색은 빨간색인 27장의 카드로 나타낼 수 있는데, 이는 초평면을 이룬다. 비슷하게, 9장의 빨갛고 속이 찬 카드들은 평면을 이루는데, 이는 AG(2,3)에 대응한다. 기억을 되살리기 위해 [그림 9.1]을 보면, AG(2,3)에 있는 모든 직선을 볼 수 있다.

이번 장에서 우리는 게임이 개발되기 수십 년 전부터 책이 인쇄되고 있는 현재까지 수학자들의 큰 관심을 끌고 있는 유한 기하의 근본적인 문제에 집중하고자 한다.

> 한 직선을 이루는 세 점이 없도록 하는 점들 개수의 최댓값은 얼마인가?

보드게임 SET에
담긴 수학 2

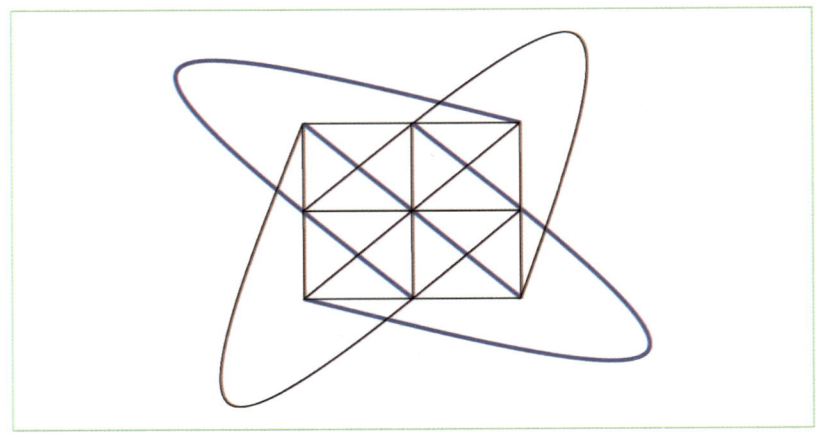

[그림 9.1] 유한기하 AG(2,3)은 아핀평면이다.

이것을 SET의 관점에서 보면 다음과 같다.

SET을 포함하지 않은 카드들의 최대 장수는 얼마인가?

기하학자들은 $AG(n,3)$에서 직선이 없는 점들의 모임을 **캡(cap)**이라 정의하였다. 가장 큰 캡의 크기[34]는 $n \leq 6$에 대해서만 알려져 있다.

[표 9.1] 육차원 이하에서 가장 큰 캡의 크기

차원	1	2	3	4	5	6
캡 크기	2	4	9	20	45	112

---

34) Large cap size라 하면 큰 머리나 아마도 침몰하는 배가 떠오를 수도 있다. 아재 개그는 관심 있는 독자들에게 넘기겠다.

134 CHAPTER 09 아핀 기하 플러스

[표 9.1]에서 SET 게임에 대응하는 차원은 4이다. 그러므로 **SET**을 포함하지 않는 최대 카드 장수는 20이다. 당신은 이 사실을 다양한 웹페이지에서 증명과 함께 다루고 있다는 것을 확인할 수 있다. B. Davis와 D. Maclagan이 쓴 훌륭한 논문 〈The card game SET〉(**Mathematical Intelligencer 25, no.3 (2003), 33-40**)에도 멋진 증명이 제시되어 있다. 우리는 $n=1,2,3$일 때 평면과 초평면의 경우를 해석해서 $n=4$일 때의 직관을 키울 수 있도록 도우려 한다. 카드로 캡을 시각화하기 위해서는, 먼저 최대 크기의 캡들이 재미있는 기하학적 구조를 가지고 있다는 것을 알아야 한다. 우리는 또한 아핀 기하가 아닌 사영 기하에 기반한 변형된 SET 게임도 보게 될 것이다.

지금 마지막 코멘트를 하면, 기하와 SET 사이의 연관은 양방향이라는 것이다. 카드를 이용하는 것은 기하를 새로운 방법으로 시각화하고 이해하는 데에 도움이 되고, (아주 잘 정립된) 기하학 이론들은 SET 게임에서 카드들의 모임과 **SET**에 대한 정보들을 제공해 준다. 우리는 양방향을 모두 사용함으로써 기하와 게임에 대한 이해를 모두 높이려 한다.

9.2 최대 캡

용어에 대한 코멘트로 시작하려 한다. 수학에서의 한 가지 어려움은 "새로운" 수학적 아이디어를 만든 사람이 아이디어에 이름을 붙여야 한다는 것이다. 이것은 우리가 만든 개념이 사실은 새로운 것인지에 대해 확신할 수 없다는 것을 의미한다. 만일 다른 누군가가 같은 아이디어를 떠올렸으나, 다른 이름을 붙였을 수도 있다는 것이다. 어느 누가 "캡"이라는 용어가 우리가 관심을 가지는 카드들의 모임을 나타내는 용어가 될 것이라 상상이나 했겠는가?[35]

또 다른 어려움은 직선을 포함하지 않은 점들의 최대 모임을 보편적으로 "최대 캡(maximal cap)"이라 부른다는 것인데, 수학자들은 보통 "캡의 최댓값(maximum cap)"이라고 부르기도 한다. 수학에서 maximal이라는 표현은 보통 원소를 더 추가했을 때 성질이 깨지는 상황을 의미하는데, 이것이 최댓값을 의미하는 것은 아니다. 하지만 이 이름이 이제는 보편적으로 되었기 때문에, 우리는 최대 캡[36]이라는 표현을 고수하고자 한다. 우리는 다음과 같은 용어도 사용한다. "완전 캡(complete cap)"이란 최대로 큰 크기는 아니지만 하나의 점을 추가하면 직선이 생기는 것으로 정의하는데, "최대 캡"은 가장 큰 (완전)캡이라 할 수 있다. 우리는 이러한 용어들을 이번 장 전체에 걸쳐 사용할 것이다.

---

35) 아무도 못 했을 것이다.
36) 역자 주: 이 번역서에서는 maximal을 maximum의 뜻으로 번역했기 때문에, 독자들에게는 표현의 혼란스러움이 느껴지지 않을 것이다.

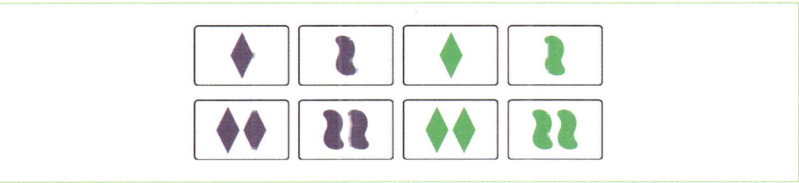

[그림 9.2] AG(3,3)에서의 완전 캡: 속이 찬 임의의 카드는 이 카드들의 모임의 두 장의 카드와 최소한 하나의 SET을 이룬다.

    최대 캡은 항상 완전 캡임에도 불구하고, AG(3,3)과 더 높은 차원에서는 최대 캡이 아닌 완전 캡들이 존재한다. 예를 들어, [그림 9.2]의 8장의 속이 찬 카드들을 보자. 이 카드들은 AG(3,3)에서 완전 캡을 이룬다. 새로운 속이 찬 카드는 항상 캡에 있는 두 장의 카드와 최소한 하나의 SET을 이룬다는 것을 확인할 수 있다. 하지만 [표 9.1]에 표시된 바와 같이 최대 캡의 크기는 9이다.

    사람들은 최소 1940년대부터 다양한 유한 기하학에서의 최대 캡을 찾는 것에 관심을 가져왔다. 정확한 연도를 결정하는 것은 다소 어려운데, 왜냐하면 용어들이 바뀌었기 때문이다. 우리가 말할 수 있는 것은, R.C. Bose가 쓴 〈Mathematical theory of the symmetrical factorial design〉(Sankhyā: The Indian Journal of Statistics 8 (1947), 107-166)이 AG(3,3)에서 직선이 없는 점들의 모임의 최대 크기를 명시적으로 계산한 첫 논문이라는 것이다. 그는 [표 9.1]에서 제시된 바와 같이 답이 9임을 보였다. 1970년에 G. Pellegrino는 논문 〈Sul massimo ordine delle calotte in $S_{4,3}$〉[The maximal order of the spherical cap in $S_{4,3}$](Matematiche (Catania) 25 (1970), 149-157)에서 AG(4,3)에서의 정답이 20임을 증명하였다. 이 논문은 이탈리아어로 쓰여 있고 영어로 번역되지 않았다.[37]

---

37) 우리도 아직 읽어보지 않았다. Ci scusiamo!(역자 주 : "미안해요!"의

우리는 이, 삼, 사차원에 대해서 최대 캡과 관련된 다음 사실들에 관심이 있다.

1. 최대 캡에는 얼마나 많은 카드들이 있는가?
2. 얼마나 많은 최대 캡이 존재하는가?
3. 아핀 동치관계(8.4절을 보자)를 생각할 때, 얼마나 많은 최대 캡이 존재하는가?
4. 최대 캡의 기하학적 구조는 무엇인가?
5. 모든 완전 캡들의 크기는 어떻게 되는가?

우리는 이번 장에서 일부 질문에 대한 답을 할 것이고, 나머지는 연습문제나 프로젝트로 넘길 것이다.

9.2.1 이차원에서의 캡

작은 값부터 시작해 보자. [그림 9.3]에는 2개 속이 찬 기호를 가진 카드들로 만들어진 멋진 평면이 있다. SET이 없도록 하는 가장 많은 카드들의 모임은 무엇인가? 당신은 SET이 없는 더 적은 카드들의 모임을 찾을 수 있는가?

SET을 이루지 않는 세 장의 카드에 대해 SET이 없도록 한 장의 카드를 덧붙이는 것은 어렵지 않다. 그에 더하여 SET을 포함하지 않은 **임의의** 네 장의 카드가 최대 캡이 된다는 사실도 어렵지 않다. Jordan Awan은 http://webbox.lafayette.edu/~mcmahone/capbuilder.html에서 캡을 만드는 프로그램을 만들었는데, 이를 활용해 이차원부터 칠차원 사이의 임의 차원에서 점들을 골라 캡을 만들 수 있다.

이탈리아어)

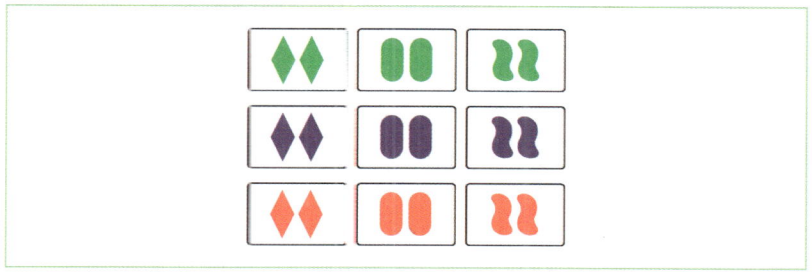

[그림 9.3] 멋진 평면

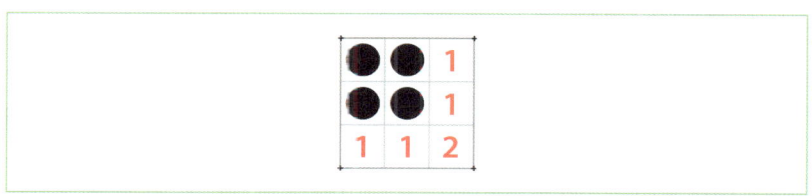

[그림 9.4] 캡을 만드는 프로그램이 이차원에서의 최대 캡을 보여주고 있다. 여기에서 숫자들은 남은 5개 위치에 점을 하나 추가하였을 때 만들어지는 직선의 개수를 보여준다.

[그림 9.4]는 이 프로그램의 결과물을 보여준다. [그림 9.3]의 평면의 왼쪽 위 네 장의 카드('2개 초록 속이 찬 다이아몬드', '2개 초록 속이 찬 둥근 모양', '2개 보라 속이 찬 다이아몬드', '2개 보라 속이 찬 둥근 모양')를 골랐다면, 이 카드들의 위치를 선택하면 4개 큰 검정 점으로 표시가 된다.

[그림 9.4]의 빨간색 숫자는 무엇을 의미하는가? 오른쪽 위의 위치('2개 초록 속이 찬 꿈틀이' 카드에 대응)를 생각하자. 이 카드를 캡에 추가하면 정확히 1개 SET을 만든다. 이 SET은 [그림 9.3]의 윗줄에 놓인다. 그림의 오른쪽 아래의 2는 '2개 빨강 속이 찬 꿈틀이' 카드를 캡에 추가했을 때 서로 다른 2개의 SET이 만들어짐을 의미한다.

그러므로 이 최대 캡은 **교차SET**이다. 한 점에서 교차하는 두 직

보드게임 SET에
담긴 수학 2

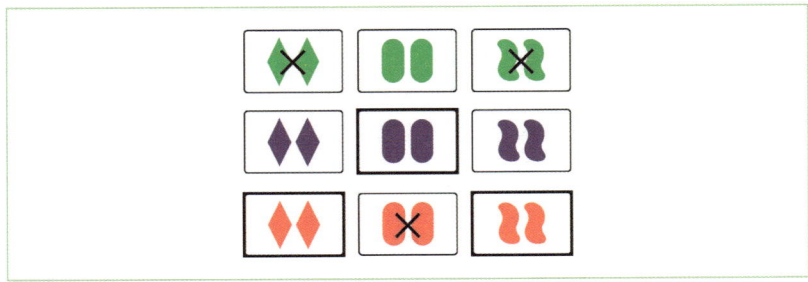

[그림 9.5] 세 장의 박스가 그려진 카드를 고르자. x표가 없는 각각의 카드들은 고른 세 장의 카드에 추가되면 최대 캡을 이룬다.

선에서 교차점을 삭제한 것이다. 그에 더하여 이차원에서의 모든 최대 캡은 항상 교차SET이다. 우리는 두 직선을 만드는 점을 **앵커 포인트**(anchor point)라 부를 것이다. (2장에서 우리는 이 점을 교차 SET의 **중심**(center)이라 불렀으나, 이것은 기하학에서 다른 의미를 지니므로, 이번 장에서는 이 표현을 사용하지 않겠다.) [그림 9.4]에서 앵커 포인트는 오른쪽 아래며, 이는 '2개 빨강 속이 찬 꿈틀이'가 있는 위치이다. 연습문제 2.4와 4.6에서 당신은 앵커 포인트가 유일하다는 것을 보일 기회가 있었다.

AG(2,3)에서 최대 캡이 아닌 완전 캡이 존재하는가? 아니다. 당신은 SET을 이루지 않는 세 장의 카드를 뽑아서 이것을 증명할 수 있다. 두 장의 쌍들에 대하여 이를 SET으로 만드는 세 번째 카드들을 생각하자. 이 카드들을 ([그림 9.5]와 같이 x표를 하여) 없애자. 이 카드들은 추가해서 캡을 만들 수 없다. 하지만 남아있는 세 장의 카드 중 임의의 한 장은 처음 있던 세 장의 카드에 추가해서 최대 캡을 만들 수 있다.

9.2.2 삼차원에서의 캡

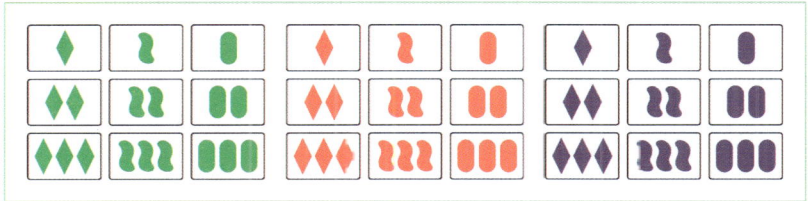

[그림 9.6] SET에서 초평면을 이루는 아핀 평면 AG(3,3)

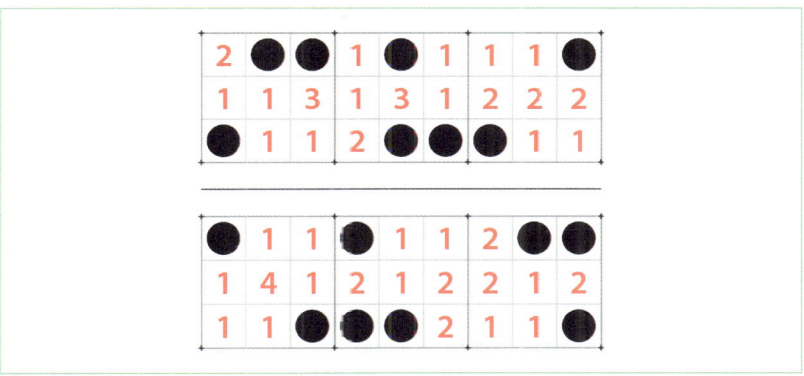

[그림 9.7] 삼차원에 있는 서로 다른 2개 완전 캡

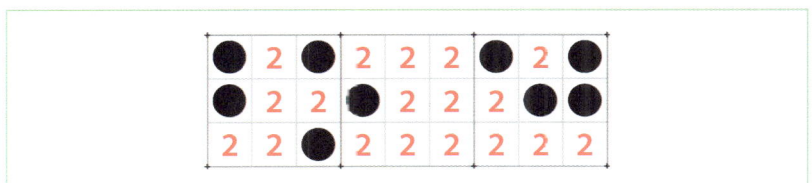

[그림 9.8] 삼차원에 놓인 최대 캡

AG(3,3)은 AG(4,3)에 놓인 초평면이므로 우리의 기하를 위해서는 전체 카드 묶음에 있는 어떤 초평면을 생각해도 된다. 우리는

모든 속이 찬 카드들을 모델로 활용할 것이다. [그림 9.6]을 보자.

AG(2,3)과는 상반되게 AG(3,3)에는 완전 캡이지만 최대 캡은 아닌 것들이 존재한다. 이것들은 크기가 8이 되는데, 당신은 프로젝트 9.1에서 이에 관해 탐구할 수 있다.

8개 점을 가진 모든 완전 캡이 아핀 동치인 것은 아니다. 서로 다른 2개의 캡이 [그림 9.7]에 그려져 있다. 여기에서 빨간색으로 쓰인 숫자가 다르다는 것에 주목하자. 첫 번째 경우에 2개 점이 세 직선을 만드는데, 두 번째 캡에서는 이런 점이 없다. 아핀 변환은 직선을 직선으로 보내기 때문에, 캡에 추가하여 k개 직선을 만드는 점은 캡이 변환된 것에 추가해도 k개 직선을 만들게 된다. 이것은 이 2개 캡이 서로 아핀 변환으로 대응될 수 없다는 것을 의미한다.

AG(3,3)에서 최대 캡은 9개 점을 포함한다. [그림 9.8]에는 한 가지 예시가 나와 있다. 캡에 있지 않은 모든 점들은 캡에 추가했을 때 항상 2개 직선을 만드는 것에 주목하자. 그에 더하여, AG(3,3)에 있는 최대 캡들의 좌표의 합은 항상 $\vec{0}$이 됨을 보일 수도 있다.

우리는 AG(2,3)에서 한 직선 위에 놓이지 않은 네 점의 모임은 항상 최대 캡이 됨을 본 바 있다. 그에 더하여 이러한 모든 네 점은 아핀 동치이다. 이것은 삼차원에서도 참이 된다.

> AG(3,3)의 모든 최대 캡은 아핀 동치이다.

이것은 Bose가 다소 어려운 논리 전개를 이용하여 처음으로 증명했는데, 직접적인 증명을 만드는 것도 가능하다. 하지만 증명의 세부 사항이 너무 기술적이라서 여기에서 다루기는 부적절하다.

9.2.3 사차원에서의 캡, SET 게임의 경우

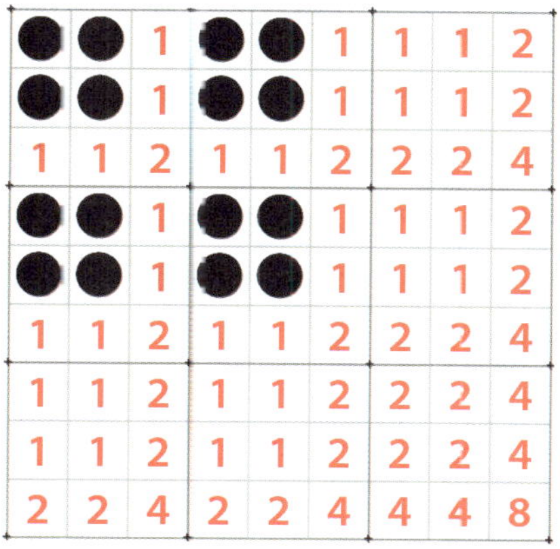

[그림 9.9] 사차원에서의 완전 캡

우리는 이제 AG(4,3)에서의 최대 캡을 탐구할 준비가 되었는데, 이는 전체 카드 묶음에서 SET을 포함하지 않은 가장 많은 카드의 모임을 의미한다. 가능한 최대 캡이 카드 20장이므로, 우리는 21장의 카드에는 반드시 SET이 포함되어 있음을 알 수 있다. 16, 17, 18, 20장의 카드들로 이루어진 완전 캡들을 찾는 것이 가능하지만, 19개는 찾을 수 없다. (19개 점을 포함하는 캡은 항상 최대 캡의 부분집합이 된다.)

아핀 동치가 아닌 완전 캡들은 상당히 많이 존재한다. 당신에게 이전에 소개했던 캡 만드는 프로그램을 활용한다면, 랜덤하게 완전 캡을 만드는 버튼을 찾을 수 있다. 잠시 이를 가지고 놀아보면, 아핀동치가 아닌 완전 캡들을, 장난[38]이 아니라 진심으로 많이 찾을

---

[38] 세심한 독자들에게 우리가 어느 곳에서 장난을 치고 있는지를 찾는 것을 과제로 남긴다. 사실 많다.

수 있고, 그중에 최대 캡은 거의 찾을 수 없다는 것을 확신할 수 있을 것이다.

이전과 같이 전체 카드 묶음인 AG(4,3)을 나타내는 모눈을 활용해서 시각화하는 것이 도움이 된다. 여기에서 9×9 모눈이 있는데, 각각은 3×3 모눈으로 나누어져서 총 81장의 카드를 나타내게 되어 있다. [그림 9.9]는 크기가 16인 완전 캡의 예를 보여준다.

카드들을 어떻게 배열하는지를 안다면, 당신은 이 캡을 다음과 같은 카드들을 골라서 만들 수 있다는 것을 확인할 수 있다.

- 개수: 1개 또는 2개 기호
- 색깔: 빨강 또는 초록 기호
- 무늬: 속이 빈 또는 줄무늬 기호
- 모양: 다이아몬드 또는 둥근 모양

우리가 남은 65장의 카드 중 어느 것이라도 여기에 추가한다면, 우리는 SET을 얻을 수 밖에 없고, 그러므로 이것은 완전 캡이 된다. 하지만 이것은 20장으로 이루어진 최대 캡은 아니다.

우리는 20장이 이루는 최대 캡의 기하학적 구조에 대해 알고 싶다. 이것은 한 점을 지나는 10개 직선을 만든 후, 그 교차점을 없앤 것이 된다. 당신이 잘 추적해보면, 이는 예상한 바와 같이 20장의 카드로 이루어져 있다.

우리가 이차원의 경우에서 했듯이, 우리는 이 10개 직선 위의 점을 캡의 **앵커(anchor)** 포인트라고 부른다. 최대 캡의 한 예가 [그림 9.10]에 있는데, 여기에서 앵커 포인트는 왼쪽 위 구석이 되며, 캡에서 앵커 포인트와 SET이 되는 한 쌍의 점들은 같은 색으로 표현하였다.

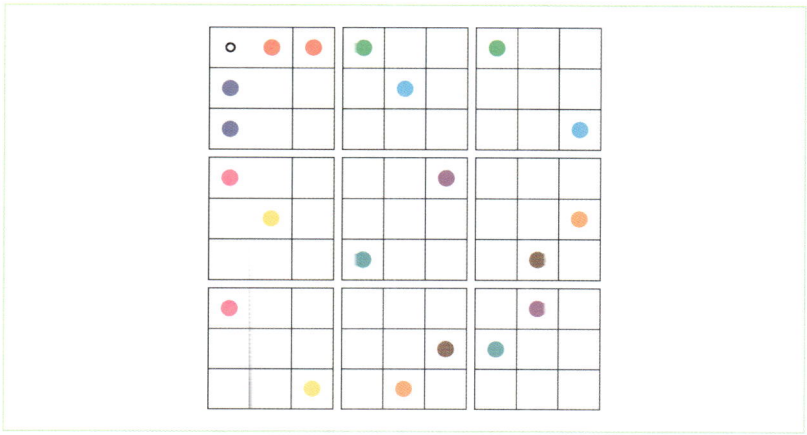

[그림 9.10] AG(4,3)의 최대 캡

이 캡이 전체 카드 묶음에서 어떻게 표현되는가? 우리는 [그림 9.11]에서 예를 하나 제시하였다. 앵커 카드는 '1개 초록 속이 빈 다이아몬드'이고 테두리를 굵게 표시하였다. 이 앵커 카드를 포함하는 10개 **SET** 모두를 찾아보는 것은 좋은 연습문제가 될 것이다.

우리가 AG(4,3)의 최대 캡에 대해 무엇을 더 말할 수 있을까?

- 이차원과 삼차원에서 그러했던 것처럼, AG(4,3)에 있는 모든 최대 캡은 아핀 동치이다. 이것은 1983년에 R. Hill(《On Pellegrino's 20-caps in $S_{4,3}$》, **Annals of Discrete Mathematics 18** (1983), 433-447)에 의해 증명되었다.

- 당신이 [그림 9.10]을 캡을 만드는 프로그램에 입력하면, 캡에 있지 않은 어떤 점(앵커 포인트는 제외)도 캡의 점들과 함께 항상 3개 직선을 이룬다는 것을 볼 수 있을 것이다. [그림 9.12]에는 캡을 만드는 프로그램에 입력한 모습이 나와 있다; [그림 9.13]에는 **SET**에 포함되지 않은 카드를 추가하여 ([그림 9.11]에 있는 카드들과) 3개 **SET**을 만드는 예시가 제시되어 있다.

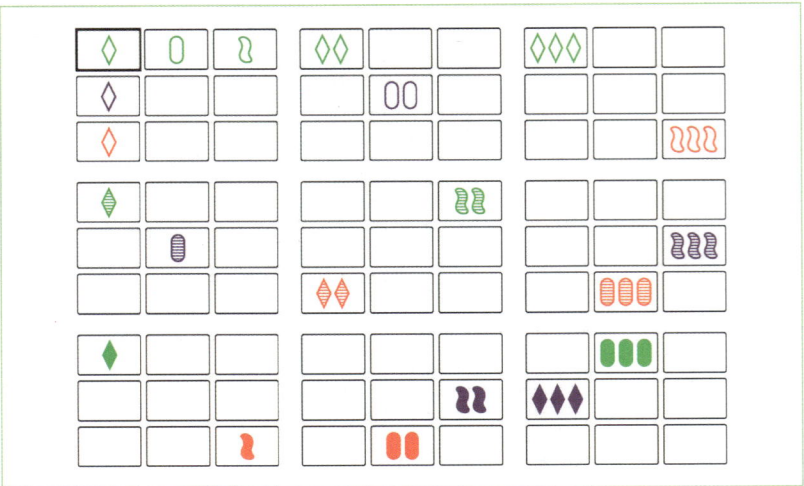

[그림 9.11] 사차원의 최대 캡을 카드로 표현한 것. 앵커 카드는 왼쪽 위에 있으며 테두리를 굵게 나타내었다.

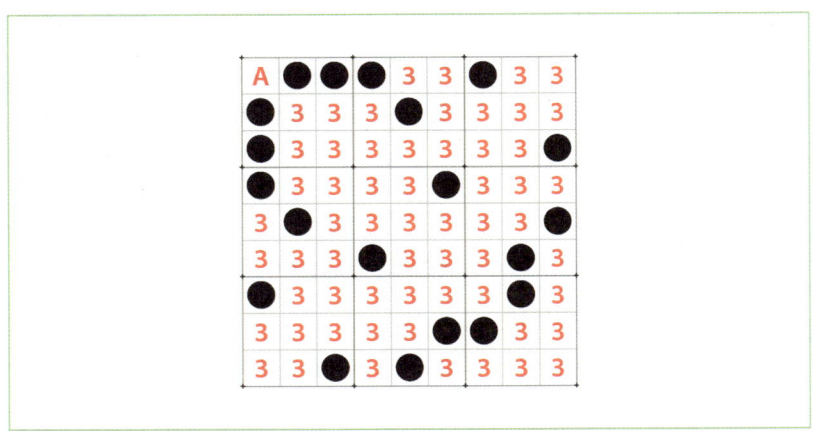

[그림 9.12] 캡 만드는 프로그램에 입력한, 20장 카드로 만든 최대 캡. 캡에 있지 않고 앵커 포인트가 아닌 점들은 캡의 점들과 3개 직선을 이룬다는 것에 주목하라. A로 표기된 점은 앵커 포인트이다―이것은 캡에 포함되지 않고, 캡의 점들과 10개 **SET**을 만든다.

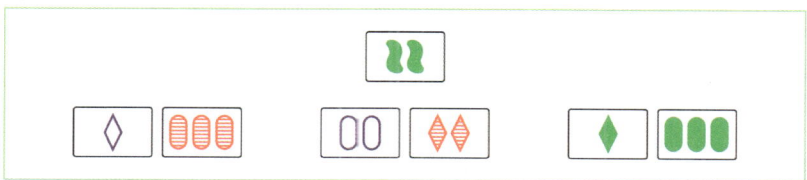

[그림 9.13] 제일 위의 카드는 [그림 9.11]에 나오지 않는다. 이 카드는 캡에서 뽑은 세 쌍의 카드들과 **SET**을 이룬다.

- 서로 다른 앵커 포인트를 가진 2개의 최대 캡은 항상 만난다. 이것은 컴퓨터를 통해 M. Follett, K. Kalail, E. McMahon, C. Pelland, R. Won(⟨Partitions of AG(4,3) into maximal maps⟩, **Discrete Mathematics** 337 (2014), 1–8)에 의해 확인되었고, (컴퓨터를 사용하지 않고) 직접적인 증명은 J. Awan, C. Frechette, Y. Li에 의해 완성되었다.
- 동일한 앵커 포인트를 가지지만 서로소인 캡들이 존재한다. 이것은 전체 카드 묶음을 서로소인 최대 캡들로 아름답게 분할할 수 있도록 해준다. 이에 대해서는 9.3절에서 자세히 다루겠다.

9.2.4 더 높은 차원에서의 캡

[표 9.2]는 오차원과 육차원에서의 최대 캡에 대해 알려진 사실들을 보여주고 있다. ("완성된 직선 수"는 캡에 있지 않은 한 점(앵커 포인트 제외)이 캡의 점들과 이루는 직선의 개수를 의미한다.)

오차원에서는 앵커 포인트가 없지만, 캡의 점들의 좌표의 합은 (삼차원에서와 마찬가지로) 항상 $\vec{0}$이 된다. 육차원에서는 (이, 사차원에서와 마찬가지로) 앵커 포인트가 있다; 캡은 앵커 포인트를 지나는 56개 직선에서 앵커 프인트를 뺀 것으로 이루어져 있다. 짝수 차원(이, 사, 육차원)의 경우 최대 캡은 앵커 포인트를 가지지만, 자명하지 않은 홀수 차원(삼, 오차원)에서는 앵커 포인트가 없다는 사실에 주목하라.

[표 9.2] 최대 캡의 알려진 크기

차원	최대 캡의 크기	모두 아핀 동치인가?	완성된 직선 수	앵커 포인트 존재?
5	45	예	5	아니요
6	112	예	10	예

육차원보다 큰 경우에는 무엇이 알려져 있는가? 거의 알려진 것이 없다. 아마도 최대 캡들의 크기 조차 알려지지 않았다는 사실이 놀라울 것이다. 오차원의 경우는 2002년에 Y. Edel, S. Ferret, I. Landjev, L. Storme(⟨The classification of the largest caps in AG(5,3)⟩, **Journal of Combinatorial Theory A 99**, no.1 (2002), 95-110)에 의해 증명되었고, 육차원의 경우는 A. Potechin (⟨Maximal caps in AG(6,3)⟩, **Designs, Codes and Cryptography** 46, no.3 (2008), 243−259)가 아직 대학생이던 2008년에 증명하였다. 만일 이 책의 독자가 AG(7,3)의 최대 캡의 크기를 발견한다면 대단히 멋진 일이 될 것이다.

마지막으로, 이 문제는 SET 애호가들만의 관심사는 아니다. 2007년에 필즈상 수상자인 Terence Tao는 그의 블로그에 다음과 같이 썼다.

아마도 내가 가장 좋아하는 미해결 문제는 SET에 있는 캡의 최대 크기를 구하는 문제라 할 수 있을 것이다.

(https://terrytao.wordpress.com/2007/02/23/open-question-best-bounds-for-cap-sets/)

필즈상은 종종 "수학계의 노벨상"이라고 불린다. Tao는 21세기 최고의 수학자 중 한 명으로, 2006년에 필즈상을 수상하였다. 만일 다른 결과가 없다면, n차원에서의 최대 캡 크기에 대한 일반적인 공식을 구하는 것은 전혀 가망 없어 보일 것이다.

$\text{cap}(n)$을 $\text{AG}(n,3)$에서의 가장 큰 캡의 크기라 두자. 현재까지 알려진 $\text{cap}(n)$의 범위는, n에 의존하지 않는 어떤 상수 c에 대하여, 아래와 같다.

$$(2.2174...)^n \leq \text{cap}(n) \leq c \cdot (2.756)^n$$

아래쪽 범위는 Edel에 의해 발견되었고, 위쪽 범위는 이전에 Croot, Lev, Pach가 얻은 결과를 사용하여 2016년 5월에 Ellenberg, Gijswijt가 발견한 대단한 성과이다.

9.3 최대 캡으로 분할하기

카드 전체 묶음을 같은 앵커 포인트를 가진 최대 캡들로 (서로 겹치지 않게) 분할할 수 있을까? 이 질문은 유한기하를 캡들로 분할하는 것에 관한 것으로, 이러한 질문들은 유한기하를 연구하는 사람들의 많은 관심을 받아온 것이다. SET의 시각화의 도움을 받아, 우리는 $n=4$일 때 이것이 가능하다는 것을 볼 것이다.

SET 전체 카드 묶음에서 이러한 분할이 가능하다는 것은 영국의 수학자 Anthony Forbes에 의해 처음 발견되었다(개인적인 교류로 알게 됨). 그의 발견 이후로 두 연구 그룹이 이 분할들의 기하적인 구조를 연구하고 있다. 이 그룹들은 더 낮은 차원에서 비슷한 분할이 가능하다는 것 또한 보였다.

9.3.1 이차원에서의 분할

AG(2,3)에서 ([그림 9.3]의 임의의 카드를 포함하는 4개 SET에 대응하는) 임의의 점을 지나는 직선은 정확히 4개가 존재한다. 평면에서의 최대 캡과 앵커 포인트 A에서부터 시작하자. 캡은 A를 지나는 두 직선에서 A점을 뺀 것으로 구성되어 있다. A를 지나는 또 다른 두 직선을 생각(마찬가지로 A는 빼야 함)하면 이것도 최대 캡을 이룬다. 이것은 우리가 AG(2,3)을, 공통점을 앵커 포인트로 갖는 서로소인 최대 캡 2개로 분할할 수 있음을 의미한다. 이러한 분할이 [그림 9.14]에 표시되어 있다.

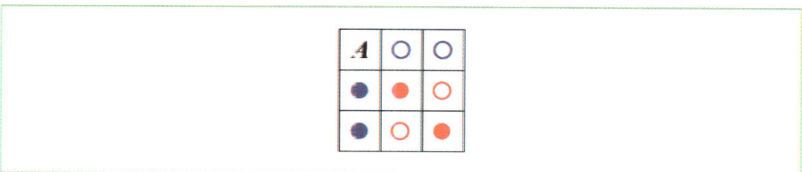

[그림 9.14] 앵커 포인트가 A인 2개 최대 캡으로 AG(2,3)을 분할한 모습

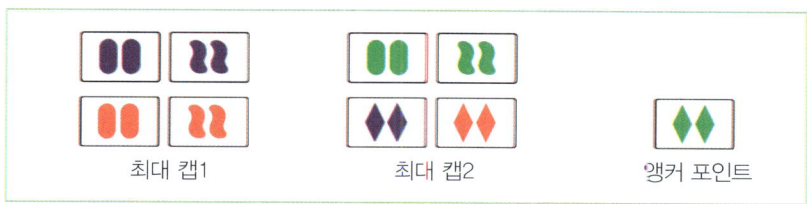

[그림 9.15] AG(2,3)의 공통 앵커 포인트를 가지는 두 개의 최대 캡 분할

[그림 9.14]에서 우리는 앵커 포인트 A와 A를 지나는 직선 4개를 볼 수 있다. 빨간 네 점은 최대 캡이고 파란 네 점도 서로소인 최대 캡이 되므로, 이것은 분할을 구성한다. 비슷하게, 속이 찬 4개 점들과 속이 빈 4개 점들도 또 다른 서로소인 최대캡 2개를 구성하므로, 이것은 또 다른 분할이 된다.

앵커 포인트 A를 고정하면, (최소한) 두 가지 세기 문제를 생각할 수 있다.

- A를 앵커 포인트로 하는 최대 캡은 모두 몇 개가 있는가?
- A를 앵커 포인트로 하는 분할은 모두 몇 개가 있는가?

당신은 이러한 질문에 대한 답을 연습문제 9.2를 통해 할 수 있을 것이다. [그림 9.15]에서는 AG(2,3)을 서로소인 최대 캡 2개와 앵커 포인트로 분할한 것에 대응하는 카드들(이 분할은 [그림 9.3]에서 구성하였다)을 볼 수 있다. 이 분할은 [그림 9.14]에서 하나의 캡으로 4개 빨간 점을 뽑고 또 다른 캡으로 4개 파란 점을 뽑은 것에 대응한다.

AG(2,3)의 경우 하나의 최대 캡이 정해지면, 분할의 두 번째 캡은 유일하게 결정된다는 사실에 주목하자. 연습문제 8.7(a)에서는 모든 교차SET이 아핀 동치임을 증명하였는데 (이는 임의의 차원에서 참이다) 그러므로 AG(2,3)의 모든 최대 캡은 아핀 동치이고, AG(2,3)의 분할은 아핀 동치가 된다. 연습문제 9.3을 보자.

9.3.2 삼차원에서의 분할

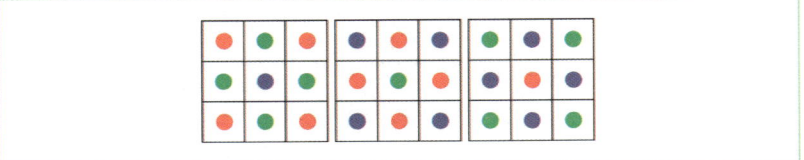

[그림 9.16] AG(3,3)은 서로소인 최대 캡 3개로 분할된다.

우리는 AG(3,3)에 27개 점이 있고, 최대 캡에는 9개 점이 있다는 것을 알고 있다. AG(3,3)을 3개 서로소인 최대 캡으로 나눌 수 있는가? 정말로 가능하다! 한 가지 방법은 [그림 9.16]에 있다. 연습문제에서 당신은 주어진 한 최대 캡에 대해, AG(3,3)의 최대 캡 분할 중에 이 주어진 최대 캡을 포함하는 것이 유일하다는 것을 보이게 될 것인데, 이는 이미 AG(2,3)에서 보았던 성질이다. 즉, 만일 당신이 하나의 최대 캡을 뽑으면, 분할을 이루는 다른 2개 캡들은 완전히 결정된다는 것을 의미한다.

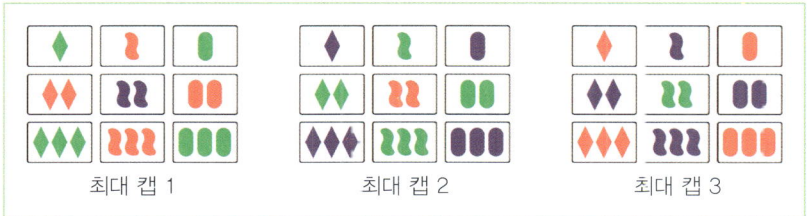

[그림 9.17] AG(3,3)을 3개 최대 캡으로 분할한 것

[그림 9.17]에서 당신은 이 분할에 대응하는 카드들을 볼 수 있다. 반복하지만, 당신은 각각의 캡이 직선을 가지지 않음을 확인할 수 있고, 모든 속이 찬 카드들은 오직 하나의 캡에만 포함됨을 확인할 수 있다. 여기에는 멋진 패턴이 있으므로, 당신이 시간을 들여 살펴보기를 권한다.

[그림 9.17]의 3개 캡을 평면을 이루는 카드([그림 9.3]을 보자)들과 비교하는 것은 흥미롭다. 이 9장의 카드 모임들은 다음과 같은 의미에서 서로 반대가 된다. 평면을 이루는 9장의 카드들은 12개 SET을 가지는 반면, [그림 9.17]의 3개 캡은 SET이 하나도 없다. 당신은 프로젝트 9.1에서 이 분할의 패턴에 대해 더 탐구할 기회를 얻을 것이다.

9.3.3 사차원 SET 게임에서의 분할

AG(4,3)에는 서로소인 최대 캡으로 구성된 분할이 존재하는가? 개수를 보면 충분히 가능성이 있어 보인다. 전체적으로 81개 점이 있고, 20개 점이 최대 캡에 포함되어 있고, $81 = 4 \times 20 + 1$이 성립한다. 주어진 점을 지나는 40개 직선이 있고, 최대 캡은 그 중 10개의 직선들로 이루어져 있다. 완벽한 세상이라면, 이러한 40개 직선들

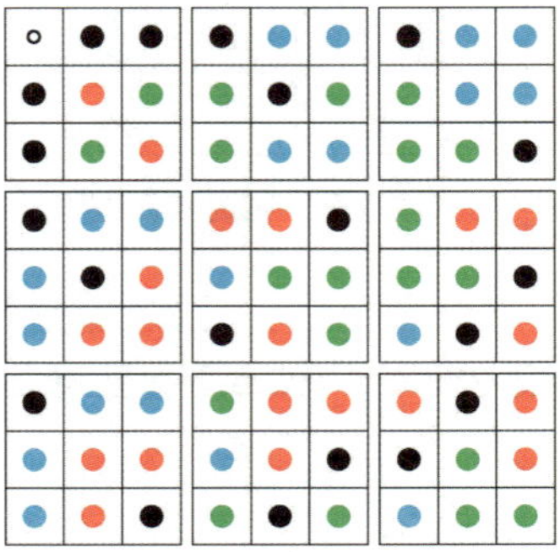

보드게임 SET에
담긴 수학 2

[그림 9.18] AG(4,3)의 한 분할

을 10개 직선으로 이루어진 최대 캡 네 그룹으로 나눌 수 있을 것이다. (물론 우리는 캡에 앵커 포인트는 포함시키지 않는다는 사실을 잊지 말아야 한다.)

세상이 완벽하다는 것이, 적어도 이 상황에서는 확인할 수 있다.[39] 위에서 언급한 바와 같이, Anthony Forbes가 2007년에 그러한 분할을 발견하였다. 우리는 이에 대한 한 가지 예를, 격자 모양과 카드들을 모두 이용해서 보여줄 것이다. [그림 9.18]은 격자로 분할을 보여주고 있고, [그림 9.19]는 똑같은 분할을 카드들을 이용해 보여주고 있다.

이러한 분할에는 더 탐구해야 할 것들이 많이 있다. Anthony Forbes는 컴퓨터로 많은 연구를 하였고, 재미있는 성질들을 알아내었다.

---

39) 여기에 자신만의 주석을 써넣어라. 저자들은 놀라서 할 말을 잃었기 때문이다.

154 CHAPTER 09 아핀 기하 플러스

- 주어진 특정한 최대 캡 C에 대하여, C와 서로소인 최대 캡은 총 198개 있고, 이들은 모두 같은 앵커 포인트를 가진다.
- 하나의 최대 캡은 항상 216개의 분할에 포함되고, 서로소인 한 쌍의 최대 캡은 적어도 1개 분할에 포함된다.

마지막으로, 두 그룹의 대학생들이 다음 사실을 증명하였다.

모든 분할이 아핀 동치인 것은 아니지만, 아핀 동치류는 2개만 존재한다. 이러한 동치류 간의 기하학적인 차이점을 이해하려는 노력은 최대 캡들이 흥미로운 부분 구조들을 가진다는 것을 보여주었다. (M. Follett, K. Kalail, C. Pelland, R. Wcn, J. Awan, C. Frechette, Y. Li)

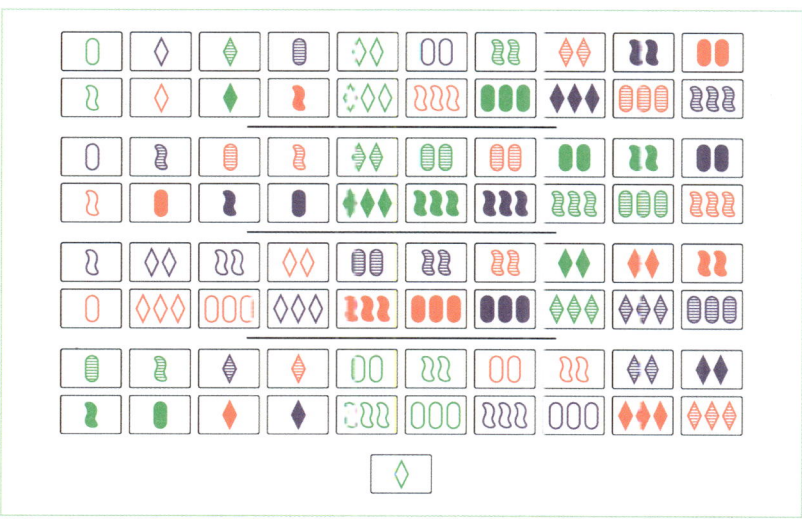

[그림 9.19] AG(4,3)을 서로소인 최대 캡 4개와 공통인 한 앵커 포인트로 분할한 것

9.3.4 더 높은 차원의 경우

이, 삼, 사차원에서 우리가 보았던 분할들이 오, 육차원에서도 가능한가? 불행하게도 그렇지 않다. AG(5,3)의 최대 캡은 45개 점으로 이루어져 있고, 45는 3^5을 나누지 않는다. 마찬가지로 112는 $3^6 - 1$을 나누지 않으므로 AG(6,3)에서도 불가능하다. 하지만 이러한 캡들이 아직 밝혀지지 않은 구조들을 가질 수도 있다. 그리고 당신이 그러한 구조를 찾아낼 사람일 수도 있다.

9.4 사영 기하학 버전의 SET

우리가 (반복해서) 언급한 바와 같이, SET 게임은 유한 아핀 기하의 한 가지 모델이 된다. 마찬가지로 유한 사영 기하학을 근간으로 하는 SET과 비슷한 형태의 게임이 존재한다.

Davis와 Maclagan이 Mathematical Intelligencer에 실은 논문(이전 장에서 소개했던 <The card game SET>)은 SET 게임의 사영 기하학 버전을 소개하고 있다. Zero SumZ는 (또는 Projective SET을 줄여 쓴 ProSET이라 불리는) A. Erickson, M. Guay-Paquet, J. Lenchner에 의해 고안되었다; 당신은 온라인으로 http://www.zerosumz.com에서 게임을 해볼 수 있고, 인터넷으로 게임을 구매할 수도 있다. 인터넷에는 (최소한) 2가지 버전이 존재하는데, A. Geraschenko의 버전은 http://stacky.net/wiki/index.php?title=Projective_Set이고, D. Adams의 버전은 http://www.ocf.berkeley.edu/~dadams/proset/이다.

이러한 게임들과 SET 사이에는 큰 차이가 존재한다. 특정 버전에서는 세 장보다 많은 카드로 이루어진 SET을 허용하기도 하고, 이러한 게임들은 보통 기호나 속성이 짝수 번 나오도록 하는데, 그래서 SET 게임과 다소 다른 느낌이 들기도 한다.

D. Burkholder이 제안한, SET을 사영 기하에 맞게 변형하는 방법도 있다. 이 버전은 완전 SET(Complete SET)이라 불리는데, 그는 SET 전체 카드 묶음으로부터 시작해서 새로운 카드 40장을 추가하여 사영 카드 묶음을 만들었다. 이 게임에 대해 그가 발표한

발표문의 요약은 인터넷 https://jointmathematicsmeetings.org/amsmtgs/2168_abstracts/1106-a1-1254.pdf에서 찾을 수 있다. 이 버전이 평범한 SET 카드(와 추가 카드)를 사용함에도 불구하고, 이 버전의 SET은 세 장이 아닌 네 장의 카드로 구성되어 있다.

완결된 설명을 위해 우리는 먼저 사영 기하를 간단히 소개한 후에, 이 기하에 기반한 SET 게임의 한 버전을 소개하겠다.

우리는 먼저 사영 평면의 공리를 살펴보겠다. 아핀과 사영 평면의 가장 주요한 차이점은 아핀 평면에서는 평행선 공준이 성립한다는 것이다. 주어진 한 직선 l과 직선 밖의 한 점 P에 대하여, P를 지나고 l과 평행한 직선 l'이 유일하게 존재한다는 것이다. 사영 기하에서는 평행선이 아예 존재하지 않는데, 한 쌍의 직선은 항상 교차한다.

유한 사영 기하 평면의 공리

공리 1. 어느 세 점도 같은 직선 위에 있지 않은 네 점이 존재한다.
공리 2. 임의의 두 점은 유일한 직선 위에 놓인다.
공리 3. 임의의 두 직선은 유일한 점에서 만난다.

여기에서 주목해야 할 것들이 여러 개 있다. 첫 번째 공리는 자명한 기하를 배제하는데, 자명하다는 것은 모든 점들이 한 직선에 놓이거나 모든 직선이 똑같은 점을 지나는 경우이다. 두 번째 공리와 세 번째 공리가 가진 대칭성에 주목해보자. 우리가 "점"과 "직선"을 서로 교환한다면 (그리고 "놓인다"는 것과 "만난다"는 것을 서로 교환해서 쓰는 것을 허용한다면) 공리 2는 공리 3이 되고, 그

반대도 성립한다. 이것은 사영 평면의 "점-선의 쌍대성"이라 불린다. 그러므로 우리가 만일 첫 공리의 쌍대성(즉 같은 점을 지나는 세 직선을 포함하지 않는 네 직선이 존재한다)을 증명한다면, 우리가 증명하는 어떤 정리에 대해서 "점"과 "직선"을 교환해서 얻는 새로운 쌍대 정리도 참이 된다. 예를 들어, 우리가 사영 평면에서 모든 직선이 항상 3개 점을 가진다는 사실을 증명했다고 하자. 그러면 모든 점은 항상 3개 직선 위에 놓여야 한다.

공리들이 간단하다는 것과 점-직선의 쌍대성은 사영 기하를 대단히 매력적인 분야로 만들어준다. 사영 기하가 아핀 기하보다는 덜 자연스러워 보이기는 하지만, (왜냐하면 유클리드 기하는 아핀 기하이다) 수학자들은 사영 기하를 공부하는 데에 더 많은 시간을 쏟았다. 그에 더하여, 기찻길 위에 서서 보면[40] 평행선이 "무한대"에서 교차하는 것처럼 보임을 확신할 수 있을 것이다. 사실, 사영 기하의 초기 연구들은 예술에서 원근법을 이해하려는 데에 초점이 맞추어져 있었다.

비록 공리 체계가 다름에도 불구하고, 아핀 기하와 사영 기하는 밀접한 관련이 있다.

> 모든 아핀 평면은 사영 평면 안에 놓인다. 사영 평면은 아핀 평면에서 "무한대 직선"을 하나 추가해서 얻을 수 있다.

이 관련성은 수학자들에 의해 연구되었다. 사실 우리가 아핀 기하에서 캡에 대해 알고 있는 대부분의 사실들은 사영 기하에 있는 캡들의 정리로부터 유래한 것이다.

---

40) 제발 기차가 주변에 없을 때 해보자. 부탁이다.

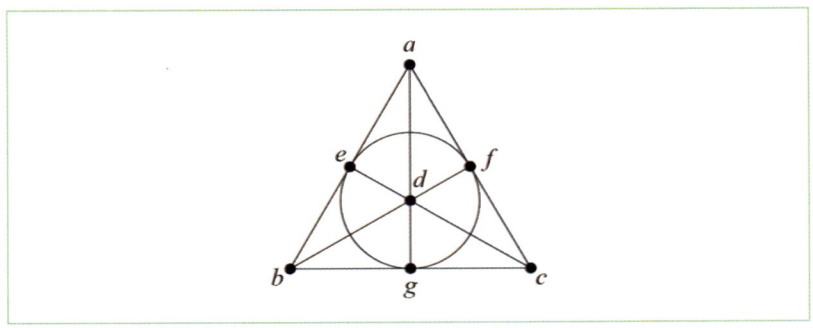

[그림 9.20] Fano 평면은 모든 직선 위에 정확히 세 점이 있는 사영 평면이다.

언제나처럼, 새로운 개념을 이해하는 가장 좋은 방법은 예를 살펴 보는 것이다. [그림 9.20]에 있는 Fano 평면은 가장 작은 사영 평면인데, 모두 7개 점과 7개 직선으로 구성되어 있다. (여기에서 원도 세 점으로 이루어진 직선이다.) 이 기하를 처음으로 도입한 사람은 G. Fano(⟨Sui postulati fondamentali della geometria proiettiva⟩, **Giornale di Matematiche 30** (1892), 106-132)이다. 이 논문은 Pellegrino의 논문과 마찬가지로 이탈리아어로 쓰여 있다.[41] 이탈리아에는 르네상스 시대까지 거슬러 올라가는 오랜 사영 기하 연구의 역사가 있다.

이 기하에는 정말로 많은 대칭이 존재한다. 이와 관련하여 당신이 발견할 수 있을 법한 사실들은 다음과 같다.

1. 이 기하에는 7개 점과 7개 직선이 있다. (공리 1을 만족함)
2. 한 쌍의 점은 유일한 직선을 결정한다. (공리 2를 만족함)
3. 한 쌍의 직선은 유일한 교점을 가진다. 즉 평행선은 존재하지

---

[41] 우리가 이탈리아어로 쓰인 논문을 읽어보지 않은 것에 죄책감을 느껴야 할까? 그럴지도 모르겠다.

않는다. (공리 3을 만족함)
4. 모든 점은 세 직선 위에 놓인다.
5. 모든 직선은 세 점을 가진다.

Fano 평면을 모델로 하는 카드 게임을 만들기 위해서 우리는 7개 점에 대응하는 카드들을 만들어야 한다. 그 후에 "SET"을 직선으로 정의하는데, 이는 SET 게임과 정확하게 일치한다. 이 게임은 실제로 하기에는 재미가 없지만, (카드가 충분히 많지 않기 때문이다) 이 기하의 성질들은 SET을 대단히 매력적이게 하는데, 모든 SET은 세 장의 카드로 구성되었고, 임의의 두 장의 카드는 유일한 SET에 포함된다. 아래에서 소개할 사영 버전의 게임은 이러한 기하에 기반하고 있다. 이 사영 버전의 게임을 어떻게 할 수 있는지 이해하려면 우리는 좌표가 필요한데, 이는 우리가 이 책에서 많이 활용한 바 있다.

우리가 여기에서 사용하는 좌표 체계는 뜬금없어 보일 수도 있지만, 사실 이는 사영 평면을 벡터로 표현하는 표준적인 방식이다. 우리는 여전히 모듈로 연산을 사용하겠지만, 이제는 mod3이 아닌 mod2에서 작업을 한다. 우리는 순서쌍 (a,b,c)을 사용하는데, 각 좌표에 0 또는 1을 부여하여 Fano 평면의 7개 점에 대응시키며, 벡터 (0,0,0)은 예외적으로 점들에 대응시키지 않는데, 그러므로 7개 순서쌍이 사용된다.

우리는 [표 9.3]에서 이러한 대응을 제시하였다.

[표 9.3] Fano 평면의 점들에 좌표를 부여하기

점	a	b	c	d	e	f	g
좌표	(1,0,0)	(0,1,0)	(0,0,1)	(1,1,1)	(1,1,0)	(1,0,1)	(0,1,1)

> 보드게임 SET에
> 담긴 수학 2

Fano 평면은 PG(2,2)라 두는데, 이는 이차원 사영 기하를 의미하며, 여기에서 연산은 mod2로 이루어진다. mod2에서 계산하는 것은 좌표들에 대단히 멋진 (그리고 대단히 낯익은) 성질을 제공해준다.

> 세 점이 한 직선 위에 놓일 필요충분조건은 그들의 좌표의 합이 (0,0,0) (mod2)가 되는 것이다.

예를 들어, 세 점 a, b, e는 이 기하에서 한 직선 위에 놓인다. 이들의 좌표들을 더하면, 아래가 성립한다.

$$(1,0,0) + (0,1,0) + (1,1,0) = (2,2,0) = (0,0,0) \pmod 2$$

다른 6개 직선들도 마찬가지로 좌표의 합이 (0,0,0) (mod2)이다. 그에 더하여, 만일 당신이 한 직선 위에 놓이지 않은 세 점을 보고 있다면, 이 좌표의 합은 (0,0,0) (mod2)가 되지 않는다. 예를 들어, 점 a, c, d는 한 직선 위에 놓이지 않은데, 아래가 성립한다.

$$(1,0,0) + (0,0,1) + (1,1,1) = (2,1,2) = (0,1,0) \pmod 2$$

여기에서 중요한 포인트는 모든 상황이 SET과 일치한다는 것인데, 단지 우리는 연산을 mod2에서 하고 있다는 차이가 있을 뿐이다. (선형대수학의 관점에서 보면, 세 점이 한 직선 위에 놓일 필요충분조건은 그 좌표 벡터들이 선형 종속(linearly dependent)이 되는 것이다.)

Fano 평면은 직선이 3개의 점을 가지는데, 임의의 두 쌍의 점은 항상 유일한 직선을 결정한다. 이러한 성질들은 우리가 원하는 것들이지만, 위에서 언급한 바와 같이, 이것이 재미있는 게임이 되기에는 카드 수가 너무 적다. 이 게임을 놀 수 있을 정도로 만들려면, 점의 수를 늘릴 필요가 있다. 이를 위해 우리는 3개의 좌표를 더 사용할 것인데, 그러므로 우리의 점들은 6개의 좌표를 가진 순서쌍

[그림 9.21] 삼차원 사영 공간 PG(3,2)의 모델은 직선마다 점이 3개 놓여있다. 이 기하는 15개의 점과 35개의 직선을 가진다.

$(x_1, x_2, x_3, x_4, x_5, x_6)$ $(x_i = 0$ 또는 $1)$에 대응한다. 우리는 모든 좌표가 0인 순서쌍 $(0,0,0,0,0,0)$는 고려하지 않으며, 그러므로 전체 카드 묶음은 $2^6 - 1 = 63$장의 카드가 된다. 이 오차원 굴체를 시각화하는 것은 어렵지만, 삼차원 PG(3,2)의 모델은 [그림 9.21]에 있다. 연습문제 9.7에서 당신은 이 게임에 직선이 모두 651개 있다는 것을 보일 것인데, 이 직선들은 게임의 "SET"이 된다.

좌표들을 어떻게 카드들로 변환시킬 수 있을까? 우리의 버전은 Davis 와 Maclagan의 논문에 있는 설명에서 영감을 받았다. 우리가 이러한 선택을 한 것은 속성이 3개라는 성질을 보존하고 싶었기 때문이다. 좌표를 둘씩 쌍으로 그룹 지어 $(a_1, a_2; b_1, b_2; c_1, c_2)$와 같이 표현하는데, 각 좌표는 0 또는 1이 된다. (여기에서 우리는 모든 좌표가 0이 되는 경우는 제외한다.)

[그림 9.22] 카드로 표현한 Fano 평면

    이제 카드에 얼굴을 그려 카드 묶음을 만들자. 각각의 좌표의 쌍마다 속성을 하나씩 대응시키는데, 눈, 입, 머리카락이 대응하는 속성이다. 이제 우리의 얼굴들의 눈은 감았거나 브라운이거나 파란색이거나 빨간색[42]이고, 입은 없거나 일직선이거나 웃거나 열려 있고, 머리카락은 대머리이거나 금색이거나 브라운이거나 검정이다. 이러한 대응은 [표 9.4]에 제시되어 있으며, [그림 9.22]에서 일부 카드들에 대응하는 얼굴을 만든 사진을 볼 수 있다.

[표 9.4] 좌표를 카드로 변환하기

좌표	카드	좌표	카드
(0,0;*,*;*,*)	감은 눈	(*,*;0,1;*,*)	웃는 입
(1,0;*,*;*,*)	브라운 눈	(*,*;1,1;*,*)	열린 입
(0,1;*,*;*,*)	파란 눈	(*,*;*,*;0,0)	대머리
(1,1;*,*;*,*)	빨간 눈	(*,*;*,*;1,0)	금색 머리카락
(*,*;0,0;*,*)	입 없음	(*,*;*,*;0,1)	브라운 머리카락
(*,*;1,0;*,*)	닫은 입	(*,*;*,*;1,1)	검정 머리카락

---

42) 흡혈귀?

"SET"이란 좌표의 합이 영벡터가 되는 세 카드의 모임이다. 여기에서 모든 속성이 없는 그림(눈을 감았고, 입이 없고, 대머리인 경우)은 벡터 (0,0,0,0,0,0)에 대응한다. 이 카드는 전체 카드 묶음에서 제외시키는데, 우리의 정의에서 이 카드는 절대로 어떠한 SET에도 포함되지 않는다.

당신은 SET을 알아볼 수 있겠는가? 한 속성이 SET을 이룰 수 있는지를 결정하는 세 가지 방법이 있다.

1. 세 장의 카드 모두에서 한 속성이 없다.
2. 한 속성 표현이 두 장의 카드에 나타나고 세 번째 카드에는 그 속성이 없다.
3. 각각의 카드에는 서로 다른 세 가지 눈에 띄는 속성(visible)[43] 표현이 모두 나타난다.

예를 들어 카드들을 (눈, 입, 머리카락) 순서로 나열할 때 다음 세 장의 카드

(브라운, 없음, 검정), (브라운, 없음, 브라운),
(감은 눈, 없음, 금색)

는 SET을 이루는데, 왜냐하면 이 카드들에 대응하는 세 벡터의 합은 다음과 같기 때문이다.

$(1,0;0,0;1,1) + (1,0;0,0;0,1) + (0,0;0,0;1,0) = (0,0;0,0;0,0) \pmod{2}$

당신은 [연습문제 9.8]에서 정말로 이것들이 카드들의 합이 영벡터가 되기 위한 유일한 조건들인지를 확인할 수 있을 것이다. 당신이 동일한 눈에 띄는 속성 표현을 가진 세 장의 카드를 가졌을 때, (예를

---

[43] 역자 주: 속성이 없는 것(즉 감은 눈, 입 없음, 대머리)을 제외한 속성 표현을 "눈에 띄는 속성(visible) 표현"이라 부른다.

들면 빨간 눈 3개) 그 속성의 좌표의 합은 (0,0)이 되지 **않음**에 주의하라. 그러므로 당신은 **SET**에 있는 각 카드에서는 모두 같은 속성 표현을 절대로 볼 수 없게 된다.

우리는 이 게임을 PSET이라 부른다. PSET의 규칙은 SET보다 더욱 복잡하다. 그리고 여기에는 해결할 수 없는 규칙의 비대칭성이 존재하는데, 왜냐하면 감은 눈과 없는 입과 대머리인 경우는 다른 표현들과 다르게 처리해야 하기 때문이다. 그리고 똑같은 표현이 세 번 반복되어 나오는 것이 "**SET**"에서 허용되지 않는다는 사실은 숙달된 SET 전문가들을 게임에서 혼란스럽게 만든다. [그림 9.22]에서 "**SET**"을 7개 찾을 수 있는지 확인해보자. [**힌트** : Fano 평면 안에 놓인 직선을 생각하라.]

우리가 SET에 대해 했던 많은 분석을 PSET에서도 동일하게 할 수 있다. 예를 들어, 당신이 빨간 눈과 파란 눈 카드들을 모두 고른다면 당신은 **SET**을 얻을 수 없고, 그러므로 32장의 카드로 이루어진 캡을 얻게 된다! (이것은 가능한 가장 큰 캡이다. J. Bierbrauer와 Y. Edel은 $PG(k,2)$에서 사실 2^k이 유일하게 존재하는 최대 캡의 크기라는 것을 논문 ⟨*Large caps in small spaces*⟩, **Designs, Codes and Cryptography 23**, no.2 (2001), 197-212.에서 증명하였다.)

우리는 이 게임을 직접 해보았다. 이것은 재미있는 게임이 될 잠재력을 가지고 있으나, 규칙의 비대칭성이 게임을 SET보다 더 어렵게 만든다. 인생에서의 대부분의 일이 그렇듯이

(1) 잘하기 위해서는 아주 많은 연습이 필요하고,
(2) 당신이 더 많이 할수록 더 잘하게 된다. 그리고 그런 면에서 이것은 SET과 비슷하다.

연/습/문/제

9.1. 평면에서 SET을 이루지 않는 임의의 세 점을 뽑자. 이 세 점을 포함하는 최대 캡은 정확히 3개가 존재함을 보이시오. 각각의 세 최대 캡의 앵커 포인트는 무엇이 되는지 설명하시오.

9.2. 아래 질문들은 모두 $AG(2,3)$에서 생각한다.

    a. 한 점 A를 뽑자. A를 앵커 포인트로 가지는 최대 캡은 얼마나 많이 존재하는가?
    b. A를 뽑았을 때, 서로소인 두 최대 캡과 공통 앵커 포인트로의 분할은 얼마나 많이 존재하는가?
    c. $AG(2,3)$에는 얼마나 많은 최대 캡이 존재하는가?
    d. $AG(2,3)$에서 서로소인 두 최대 캡과 공통 앵커 포인트로의 분할은 얼마나 많이 존재하는가?

9.3. (8장의) 선형대수학을 이용하여 $AG(2,3)$에서의 임의의 최대 캡은 항상 아핀 동치임을, 하나를 다른 하나로 보내는 아핀 변환을 구성하던지 세 점이 어디로 보내지는지를 명시하는 방법으로 보이시오. (두 가지 방법을 모두 사용해도 불법이 아니다.) 이로부터 $AG(2,3)$의 서로소인 두 최대 캡과 한 점으로의 모든 분할이 아핀 동치임을 보이라.

9.4. C를 AG(3,3)에서의 최대 캡이라 두자. 당신이 AG(3,3)을 3개의 평행한 평면으로 자르면, 이 평면들은 C와 오직 두 가지 방법으로만 만날 수 있음을 보이시오. 각각의 평면은 세 점을 포함하던지, 두 평면은 네 점을 포함하고 한 평면은 한 점을 포함한다.

9.5. AG(3,3)의 최대 캡은 AG(3,3)의 서로소인 최대 캡으로의 유일한 분할에 포함됨을 보이시오. [**힌트** : 임의의 두 최대 캡은 아핀 동치이므로, 이 사실을 주어진 한 최대 캡에 대해서만 증명해도 충분하다.]

9.6. a. 캡을 만드는 프로그램을 이용하여 이번 장에서 보여준 것과 다른 AG(4,3)의 최대 캡을 만드시오. 주어진 점을 지나는 10개 직선이 필요하다는 사실을 기억하는 것이 큰 도움이 될 것이다.
b. 당신이 찾은 최대 캡을 포함하는 AG(4,3)의 분할을 찾으시오.

9.7. PSET 카드 묶음은 사영 기하 PG(5,2)에 기반한다.

a. 직선은 651개 있음을 보이시오.
b. PG(n,2)에서의 직선의 개수를 구하시오. 당신이 6.4절에서 q-이항계수를 읽었다면, 당신의 답이 $\begin{bmatrix} n+1 \\ 2 \end{bmatrix}_2$ 임을 보이시오.

9.8. **a.** (이번 장에서 나열한) PSET에서 SET을 찾는 세 가지 방법이 좌표의 합이 $(0,0;0,0;0,0)$ $(\mod 2)$가 되는 것이 대응함을 확인하시오.

b. 다른 세 장의 카드는 합이 $(0,0;0,0;0,0)$ $(\mod 2)$가 될 수 없음을 확인하시오.

c. 임의의 한 쌍의 카드는 유일한 SET을 결정함을 확인하시오.

9.9. 당신만의 PSET 카드 묶음을 만들고, 누군가와 함께 게임해 보시오. 누가 이겼는가?

프/로/젝/트

9.1. 이 프로젝트에서는 AG(3,3)에서의 완전 캡을 탐구한다.

  a. AG(3,3)에서 7개 점의 모임은 완전 캡이 될 수 없음을 증명하시오.

  b. AG(3,3)에서 크기가 8인 완전 캡은, 아핀 동치인 것을 동일하게 보았을 때, 몇 개가 있는가? 당신의 주장을 증명하시오.

  c. [그림 9.17]에서 우리는 AG(3,3)을 서로소인 최대 캡 3개로 분할하였다. 캡에는 어떠한 SET도 존재하지 않는데, (이것이 캡의 정의였다) 27장의 카드들은 총 117개 SET을 가진다. SET 중 일부는 각 3개 캡에서 한 장씩으로 구성되어 있고, 나머지는 한 캡에서 두 장, 다른 한 캡에서 한 장으로 구성되어 있다. 그러므로 SET에는 7가지 서로 다른 타입이 존재한다.

  - [그림 9.17]의 분할에서, 각각의 타입별 SET의 개수를 세시오.
  - 당신의 수가 AG(3,3)의 최대 캡으로 구성된 임의의 분할에 대해서도 항상 같은가?

9.2. 연습문제 9.4를 해결한 이후, 여기에서 세 평면들로 잘린 부분의 모습이 어떻게 되는지를 분석하시오.

    a. 만일 당신이 한 평면 위의 세 점으로부터 시작한다면, 다음 평면에서의 세 점은 어떻게 보이겠는가? 마지막 평면에서는?

    b. 만일 당신이 한 평면 위의 네 점에서 시작한다면, 네 점을 포함하는 두 평면은 어떻게 보이겠는가? 이 두 평면과 나머지 한 평면에 놓인 한 점 사이의 관계는 어떻게 되는가?

9.3. 우리가 PSET이라는 게임을 만들었기 때문에, 우리가 SET에서 했던 많은 수 세기를 다시 해볼 수 있다.

    a. 얼마나 많은 SET이 존재하는가? 주어진 한 점을 포함하는 SET의 개수는?

    b. 얼마나 많은 SET의 종류가 존재하는지 설명하고 (평범한 SET에서는 하나의 속성이 같고 3개가 다른 것 등의 종류가 존재했다.) 각각의 종류에 얼마나 많은 SET이 존재하는지 계산하시오.

    c. Fano 평면은 얼마나 많이 있는가?

    d. 교차SET은 얼마나 많이 있는가?

    e. 좋은 문제를 하나 이상 만들어 보고 스스로 답해보시오.

    f. 이 게임에서 어떤 다른 문제를 더 탐구할 수 있을까?

CHAPTER
10

계산과 시뮬레이션

보드게임 SET에 담긴 수학 ②

10.1 서론

이 책 전체적으로, 우리는 SET을 이용하여 재미있는 개수 세기와 확률 문제들을 만들어 내었다.[44] 우리는 주로 2, 3, 6, 7장에서 여러 질문에 대한 답을 했었다. 하지만 답을 찾는 중에, 수많은 좋은 질문들이 정확한 답을 구하기에는 너무 어려워 보이거나 불가능해 보였다. 이번 장에서 우리는 이러한 질문을 다시 탐구할 것인데, 컴퓨터 시뮬레이션을 통해 다양한 개수나 확률이나 기댓값의 근삿값을 구할 것이다. 우리가 소개할 일부 결과들은 우리들을 깜짝 놀라게 했는데, 우리는 이에 대해 더 깊은 탐구가 필요하다고 믿는다.

컴퓨터 시뮬레이션으로 어려운 질문의 근삿값을 구하는 방법은 Monte Carlo Casino로부터 유래하여 보통 돈테카를로 방법이라 불린다. 초창기의 몬테카를로 시뮬레이션은 1940년대에 처음으로 핵무기를 개발한 맨해튼 프로젝트에서 활용되었다. 그 이후로 이 방법은 물리학과 수학에서 대단히 강력한 도구가 되었는데, 종종 도저히 구할 가망이 없어 보이는 문제들에 대해 정밀한 근삿값을 주기도 한다.

2004년에 Lafayette College에서 열린 NSF-주최 대학생 여름 연구 캠프에서 David Eisenstat(그때에 그는 University of Rochester의 대학생이었다)는 게임이 끝났을 때 테이블에 몇 장의 카드가 남는지에 대한 확률의 근삿값을 구하기 위해 수백만 번의 시뮬레이션을

---

44) 음, 적어도 우리에게는 재미있었다.

하는 컴퓨터 프로그램을 작성했었다. 2년 후 Lafayette College 학생이었던 Maureen Jackson은 SET을 탐구하는 우등 졸업논문을 쓰며 더 많은 시뮬레이션을 하였다. 또 다른 Lafayette의 학생이었던 Brian Lynch는 2013년에 게임을 연구하며, 프로그램을 개선하여 더 많은 시뮬레이션을 하였다. 이번 장에서는 이러한 결과들 일부를 요약할 것이다. David와 Brian은 친절하게도 그들의 Java 코드 일부를 우리에게 공유해 주었는데, 이는 이 책의 웹사이트에서 구할 수 있다. 당신은 이 코드를 있는 그대로, 또는 변화시켜서 당신만의 시뮬레이션을 수행하는 데에 활용할 수 있다.

여기에 이 프로그램이 어떻게 작동하는지에 대한 간단한 소개를 하겠다. 먼저 각각의 카드들을 0부터 80 사이의 정수로 변환한다. 만일 카드의 (mod3) 좌표가 (a,b,c,d)였다면, 이 카드에 정수 $27a+9b+3c+d$를 대응시킨다. 예를 들면, '2개 초록 줄무늬 둥근 모양' 카드는 4개 순서쌍 $(2,0,1,1)$에 대응하는데, 이는 $27 \times 2 + 9 \times 0 + 3 \times 1 + 1 = 58$이 된다. (이것은 58의 3진법 표현 2011_3으로 대응한다.)

다음으로 0부터 80까지의 수를 랜덤하게 배열하는 순열을 뽑아 카드를 뒤섞는 것을 시뮬레이션 한다. 순열의 첫 12개 수는 (가상) 테이블 위에 놓는 12장의 카드를 나타낸다. SET을 고르면, SET에 있는 세 장의 카드는 없어지고 다음 세 장의 카드가 "배열"된다.

게임을 "하기" 위해서는, 먼저 12장의 카드로 시작해서, 다음 알고리즘을 따른다.

1. 12장의 카드(혹은 남은 카드가 없으면 더 적은 수의 카드)가 놓여 있다. 이 카드들에서 세 장씩 뽑아서 만들 수 있는 모든 SET을 찾는다. 만일 최소한 하나의 SET이 있다면 (2)번으로

이동한다. 만일 SET이 하나도 없고 아직 카드가 남아 있다면, 세 장의 카드를 추가하고 (3)으로 간다. 만일 SET이 없고 남은 카드도 없다면 (4)르 간다.

2. 가능한 SET 중의 하나를 고르고 (고르는 방법에 대해서는 이번 장 후반부에서 탐구한다) 이를 없앤다. 남은 카드가 있다면 세 장의 카드를 추가하고 (1)로 돌아간다. 단일 남은 카드가 없다면 추가할 카드가 없으므로 (1)로 다시 돌아간다.

3. 15장의 카드가 놓여있다. 모든 세 장의 카드들을 살펴보아 모든 SET을 찾는다. SET이 있다면 (a)로 이동한다. SET이 없고 카드가 아직 남아 있다면 세 장의 카드를 추가한 후 (b)로 이동한다. 만일 SET이 없고 남은 카드도 없다면 (4)로 이동한다.

   a. SET을 하나 고르고 없앤다. 카드를 추가하지 않는다. (1)로 돌아간다.

   b. 18장의 카드가 놓여있다. 모든 세 장의 카드들을 살펴보아 모든 SET을 찾는다. 만일 적어도 하나의 SET이 존재한다면 첫 번째 •으로 간다. 만일 SET이 없고 남은 카드가 있다면, 세 장의 카드를 추가하고 두 번째 •로 간다. 만일 SET이 없고 남은 카드도 없다면 (4)로 간다.

      • SET을 하나 고르고 없앤다. 카드를 추가하지 않는다. (3)으로 간다.

      • 21장의 카드가 놓여 있으므로, 반드시 SET이 존재한다. 모든 SET을 찾고, 하나를 고른 후 없앤다. (b)로 간다.

4. 게임이 끝났다.

10.1.1 왜 시뮬레이션이 필요한가?

왜 우리는 컴퓨터로 하여금 모든 가능한 배열을 다 찾고 각각의 배열에 대해 모든 가능성을 다 찾아보게 하지 않는가? 여기에 그 이유가 있다. 먼저 카드 묶음의 배열에는 81!가지 가능성이 있다. 이것은 대략적으로 5.8×10^{120}가지인데, 이 수는 우주에 있는 원자의 수를 어림한 것보다 더 큰 수이다.[45]

이것은 게임의 관점에서 카드 배열 수를 과도하게 계산한 것이다. 서로 다른 **SET**의 카드 배열을 생각하려면, 처음에는 초기 배열로 12장의 카드를 뽑고, 그 후 반복적으로 3장의 카드를 뽑아야 한다. 이것은 여전히 1.5×10^{94}가지 정도의 경우가 되는데, 이 수도 인간이 이해하기에는 너무 크다.[46] 연습문제 10.2에서 당신은 이 계산을 직접 해볼 수 있을 것이다.

하지만 우리는 알고 싶은 질문에 답하기 위해서 전체 카드 배열을 다 살펴볼 필요가 있는 것은 아니다. 예를 들어, 12장의 초기 카드 배열에서 **SET**이 없는 경우는 얼마나 있는가? 이 질문에 완전한 답을 하려면, 12장의 카드 배열을 다 살펴보고, 그 중에 **SET**이 없는 것의 개수를 세보면 되지 않겠는가? 하지만 이 문제조차도 너무 계산이 복잡하다. 전체 카드 묶음에서 12장의 카드를 뽑는 경우의 수는 $\binom{81}{12} \approx 7.07 \times 10^{13}$이다. **SET**을 찾기 위해 모든 경우를 살펴보

---

[45] 우리는 "우주에 있는 원자의 수"라는 표현을 볼 때 마다 항상 행복하다. 왜 그런지는 잘 모르겠다. 물리학자들은 관측 가능한 우주에 있는 원자의 수를 10^{78}개부터 10^{82}개 사이로 예측한다. 이것은 한 원자가 전체 카드 배열을 매 밀리초마다 하나씩 검토한다고 하더라도, 전체 원자가 모든 카드 배열을 다 검토하는 데에는 10^{15}년 이상의 시간이 걸린다.

[46] 당신에게 도전이 될 것이다. 도전해서 이해해보자.

는 것은 여전히 시간이 너무 오래 걸린다.[47]

마지막으로, 게임을 진행하는 경우의 수도 계산하기에는 너무 큰 수가 된다. (수학자들은 게임을 진행하는 모든 경우를 기술할 때 **게임 나무(game tree)**라는 용어를 사용한다.) 예를 들어 순서대로 정리된 한 전체 카드 묶음에 대하여, 게임이 진행되며 나오는 12장의 배열마다 (어떻게 SET을 뽑더라도) 항상 2개 SET을 뽑을 수 있다고 가정해 보자. 만일 게임에서 카드 배틀이 총 24번 나타난다면, 우리는 그 카드 묶음에서 한 게임을 진행하는 데에 총 $2^{24}=16,777,216$가지 경우의 수가 나오게 된다.

 기억할 메시지
우리는 컴퓨터 시뮬레이션이 필요하다.

---

47) 맥북 프로로 게임을 100,000,000번 시뮬레이션 하는 데에 1시간 이상이 걸린다. 이 문제는 70,000배 더 많은 시간이 필요한데, 같은 비율로 계산을 수행한다면 모든 경우를 다 체크하는 데에 약 8년의 시간이 걸린다. 하지만 좀 더 간소화된 코드를 사용하고 더 빠른 컴퓨터나 여러 컴퓨터가 동시 연산을 수행한다면 이 계산은 가능할 수도 있다.

보드게임 SET에
담긴 수학 2

10.2 카드 배열에서의 SET의 개수

당신이 SET을 할 때, 한 시점에 테이블 위의 SET의 개수는 게임이 얼마나 빠르게 진행되는지에 큰 영향을 끼친다. 이번 절에서 우리는 초기 카드 배열에서 서로 다른 SET 개수의 빈도를 알아볼 것인데, 그 후 "전형적인" 게임에서 상황이 어떻게 변해 가는지를 조사할 것이다.

10.2.1 초기 배열에서의 SET

데이터를 얻기 위해, 우리는 게임의 시작을 100,000,000번 시뮬레이션 하였다. 우리의 시뮬레이션은 먼저 전체 카드 묶음을 "섞고", 12장의 카드를 뽑은 후에 그 속에 있는 SET의 개수를 세었다. (여기에서 SET끼리 겹치는 것을 허용한다. 같은 카드가 서로 다른 두 SET에 포함되는 경우, 각각의 SET을 모두 세었다.) 초기 배열에서 SET의 개수는 0(최솟값)부터 14(최댓값)까지 가능하다. [표 10.1]은 그 시행 결과를 보여주며, 같은 정보가 [그림 10.1]에는 그림으로 표현되어 있다.

이 시뮬레이션이 합리적인 결과를 준다는 것을 어떻게 말할 수 있을까? 이를 점검하는 몇 가지 방법이 있다. 우리는 우리가 이미 알고 있는 12장의 초기 카드 배열에서의 SET의 기댓값을 확인하는 것으로 시작할 수 있다.

[표 10.1] 각각의 초기 카드 배열에서 SET의 개수 (100,000,000번 시행, 랜덤하게 SET을 없앰)

SET 개수	배열 개수	비율
0	3228460	3.2%
1	14519427	14.5%
2	26096625	26%
3	27258094	27%
4	18024022	18%
5	7989819	8%
6	2331884	2.3%
7	468357	<0.5%
8	68258	≈0.07%
9	11639	≈0.01%
10	2964	아주 적다
11	229	아주아주 적다
12	137	극소
13	31	초극소
14	4	초초극소

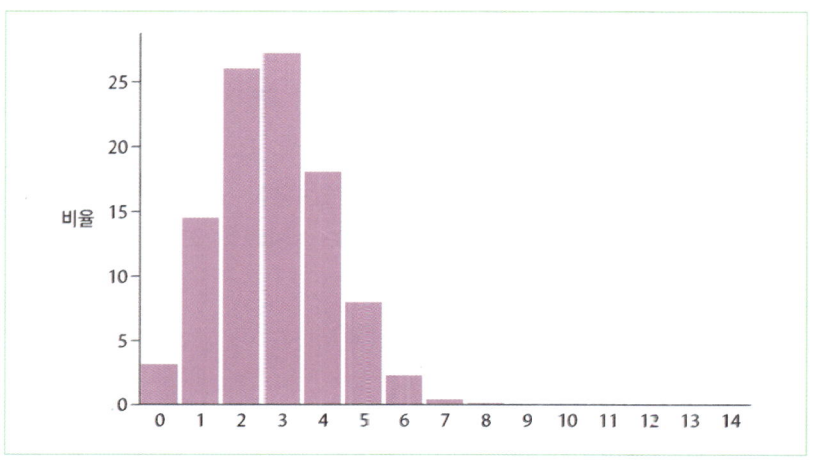

[그림 10.1] 초기 12장의 카드 배열이 주어진 개수의 SET을 가지는 비율

보드게임 SET에
담긴 수학 2

우리가 시뮬레이션에서 SET 개수의 평균을 계산하면, 그 답은 $220/79 \approx 2.7848$에 대단히 가까운 값이 되어야 하는데, 이는 우리가 초기 카드 배열에서 SET의 기댓값으로 계산했던 값이다.

시뮬레이션한 데이터를 사용하면, SET 개수의 평균은 $2.78487\cdots$이 되는데, 이는 우리가 기대했던 값인 2.78481에 대단히 가까운 값이다. 이것은 우리의 시뮬레이션이 우리가 원하는 대로 잘 진행 되었음을 확인시켜 준다.[48] 그에 더하여, 우리는 표준편차(대략 1.38)를 사용해서 우리 값이 이론적인 값에 얼마나 가까운지를 어림할 수 있다.[49] 우리는 우리의 근삿값이 소수점 아래 3자리나 4자리까지 일치해야 한다는 것을 알고 있고, 실제로 그러하였다.

하지만 우리는 그보다 더 많은 정보를 가지고 있다. 예를 들어, 우리가 1장에서 했던 다음 질문을 회상해보자.

> 초기 12장의 카드 배열에서 SET이 하나도 없는 상황은 얼마나 자주 일어나는가?

이 질문 또한 게임을 진행할 때 대단히 중요하다. 사실 SET 게임 설명서에는 초기 12장의 카드 배열에서 SET이 없을 상황이 근사적으로 33:1이라 나와 있으며, 이는 확률 $1/34 \approx 2.94\%$를 준다. 이 주장은 온라인에서 많은 관심을 받았는데, 인터넷에서는 많은 사람들이 이 숫자가 나온 계산 방법을 추측하던지 시뮬레이션을 돌려서 이 주장의 진위를 검증하였다.

시뮬레이션에서 우리는 초기 배열에서 SET이 없을 확률로 3.2%

---

[48] 이것은 좋은 일이다.
[49] 이것은 정말로 많은 가정을 무시한 것이다. 무시해버린 가정에 걸려 넘어지지 않게 주의하라.

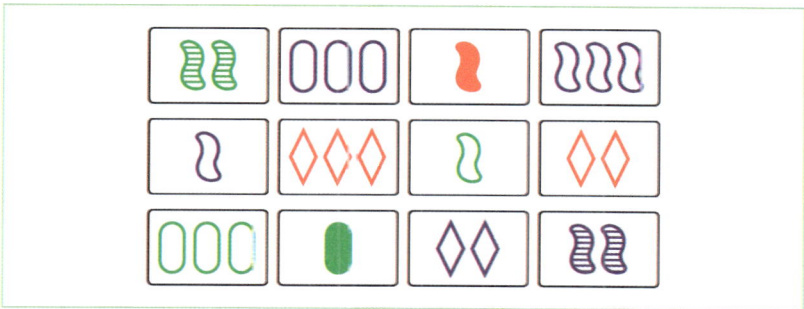

[그림 10.2] 전형적인 SET 퍼즐. 6개 SET을 찾으시오.

를 얻었는데, 이는 설명서에서 주장한 2.94%보다 조금 높은 값이다. 우리의 계산 결과는 시뮬레이션 결과를 온라인으로 공개한 다른 이들의 결과와 일치하였다.[50]

흥미로운 사실은 초기 카드 배열에서 SET이 2개나 3개 있을 확률이 50%보다 조금 넘는다는 사실이다. 그리고 초기 카드 배열에서 SET이 6개보다 더 많이 나올 수 있음에도 불구하고, 그 확률은 대단히 낮다.

시뮬레이션의 정확성을 확인하는 또 다른 방법이 있다. 초기 12장의 카드 배열에서 SET이 14개(이것이 가능한 최댓값이다. 프로젝트 5.1을 보자) 있을 기댓값을 사용하는 것이다. 100,000,000번의 시행에서 이것이 실제로 일어날 정확한 횟수의 기댓값을 계산할 수 있다. 이론적인 값은 대략 4.3이었다. 우리가 100,000,000번 시행에서 14개 SET을 4번 얻었기 때문에, 우리가 시뮬레이션을 믿을 만한 또 다른 이유가 된다.[51] 자세한 계산은 연습문제 10.1을 보자.

---

50) 이것 또한 좋은 일이다.
51) 만일 게임에서 실제로 이러한 일이 벌어졌다면, 당신은 누군가가 카드를 돌리기 전에 카드들을 조심스럽게 미리 배열해 두었다고 확신을 가지고 주장할 수 있을 것이다. 그 이후의 논쟁에 우리는 당신 편을 들어줄 것이다.

마지막으로 [표 10.1]의 한 수에 관심을 가져보자. 12장의 카드 중에서 정확히 6개 SET이 나오는 비율 말이다. 우리의 시뮬레이션에서는 약 2.3%의 비율로 일어났었다. 하지만 이 카드 배열은 많은 독자들에게 낯익을 것이다. 이것은 SET Daily Puzzle에서 볼 수 있는 배열인데, 매일 새로운 퍼즐이 http://www.setgame.com/set/puzzle에 게시된다. ([그림 10.2]를 보자)

이것은 Daily Puzzle에 올리는 게임(12장의 카드 배열에 정확히 6개 SET이 있는 경우)을 디자인하는 다음과 같은 전략을 알려준다. 랜덤하게 12장의 카드 배열을 (예를 들면 1000번) 생성하고, 각각의 경우에 SET의 개수를 센다. 그렇다면 99% 이상의 확률로 정확히 6개 SET을 가진 배열을 찾을 수 있게 되는데, 이것이 Daily Puzzle에 적합한 배열이다. (이 확률을 계산하는 것은 이항 분포 근사 곡선을 이용한 표준화된 연습문제이다. 7장의 논의를 보자.)

10.2.2 이후 배열에서의 SET의 개수

우리가 게임을 진행하면, SET의 기댓값은 카드 배열이 점진적으로 변화됨에 따라 달라지게 된다. [표 10.2]는 100,000,000번의 시뮬레이션을 한 결과이며, [그림 10.3]은 이 데이터를 그림으로 나타낸 것이다. 각각의 게임에서 우리는 게임에서 마주치게 되는 각각의 12장 카드 배열에 있는 SET 개수의 평균을 추적하였다. 표에서 "배열 1"은 첫 12장의 카드 배열을 의미하고, "배열 2"는 (SET을 임의로 하나 뽑아서 없앤 후 새로운 카드 3장을 추가한) 두 번째 배열에 대응하며, 그 이후도 마찬가지이다.

[표 10.2] 각각의 12종의 카드 배열에 있는 SET 개수의 평균 (마지막 세 번의 경우는 제외함). 100,000,000번의 시뮬레이션을 하였고, SET은 랜덤하게 제거하였음

배열	SET 개수	배열	SET 개수	배열	SET 개수
1	2.7849	9	2.3755	17	2.3580
2	2.5322	10	2.3724	18	2.3572
3	2.4364	11	2.3696	19	2.3566
4	2.4012	12	2.3668	20	2.3563
5	2.3892	13	2.3642	21	2.3560
6	2.3846	14	2.3621	22	2.3555
7	2.3814	15	2.3606	23	2.3553
8	2.3785	16	2.3593	24	2.3542
25	0.6689	26	0.0509	27	1

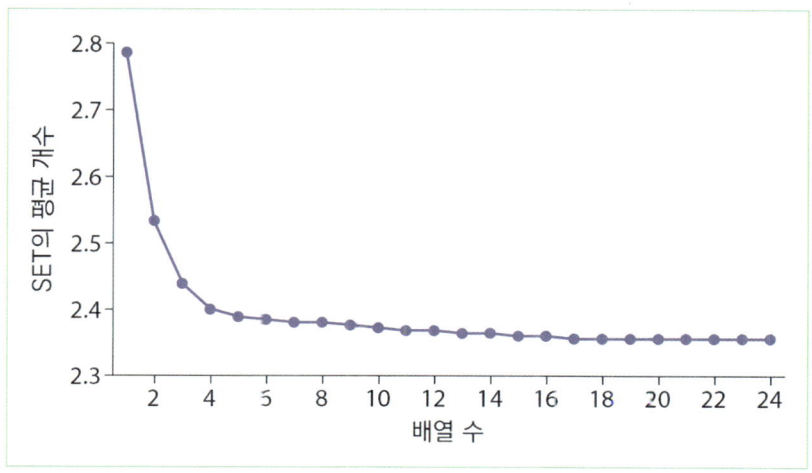

[그림 10.3] 처음부터 24번째까지의 배열에 나타나는 SET 개수의 평균값 (100,000,000번 시행하였고, SET은 랜덤하게 뽑았음)

10.2 카드 배열에서의 SET의 개수

우리는 게임이 진행되면서 나타나는 SET의 개수의 평균에 대해 몇 가지 관찰을 할 수 있다.

1. 배열이 진행되면서 SET의 평균 개수는 지속적으로 떨어진다. 이 결과는 숙련된 플레이어에게 그다지 놀랍지 않을 것이다. 게임이 진행되면 SET을 찾기는 점점 더 어려워진다. 사실 게임 중간에 세 장의 카드를 추가해야 하는 상황이 자주 벌어진다.
2. 우리는 SET의 평균 개수가 항상 (카드 배열이 12장 이하가 되기 전까지는) 2 이상이라는 사실에 놀랐다. 이것은 게임이 얼마나 잘 설계되었는지를 보여준다. 평균적으로 각각의 배열에는 2개 이상의 SET이 존재한다.
3. SET 평균 개수의 가장 큰 감소는 첫 번째 배열과 두 번째 배열 사이에 (2.78에서 2.53으로 대략 9% 감소) 발생하는 것으로 보인다. 왜 이것이 참이 되는가? 여기서 이에 대한 대략적인 정당화를 소개한다. 만일 SET이 초기 배열에서 제거된다면, 그 SET과 만나는 117개 SET도 전체 카드 묶음에서 사라지게 된다. 이는 남은 카드 묶음에서 전체 SET 개수 비율의 10% 이상을 없애는 것이다.
4. 마지막 세 번의 카드 배열에 대한 데이터가 제시되어 있지만, [표 10.2]의 마지막 줄에 따로 구분해 두었다. 25번째나 26번째 배열에서는 테이블 위에 12장보다 적은 카드가 나열되게 된다. 27번째 배열(이 만일 존재한다면)에서는 남아 있는 세 장의 카드가 반드시 SET을 이루어야 한다.

시뮬레이션에 대한 기술적인 내용

시뮬레이션을 돌리는 동안 우리는 모든 카드 배열이 (게임이 거의 끝났을 때를 제외하고) 정확히 12장이 되도록 하였다. 물론 12장의 카드 배열에서 SET이 하나도 없는 경우가 발생할 수도 있다. 여기에서 우리의 알고리즘이 한 카드 배열에서 다음 카드 배열로 어떻게 이동했는지에 대해 간단히 소개하겠다. 우리가 $n-1$개 SET을 꺼냈고, 이제 n번째 배열에 12장의 카드가 있다고 하자. 그렇다면 $n+1$번째 카드 배열은 다음과 같은 두 가지 방법으로 만들어진다.

1. SET이 있는 경우: n번째 배열에 12장의 카드가 있고 SET이 하나 발견되었다. 이 배열에서의 SET의 개수를 기록한다. 그 후 SET을 하나 없애고 3장의 카드를 추가한다. 이것이 12장의 카드로 이루어진 $n+1$번째 배열이다.
2. SET이 없는 경우: n번째 배열에 12장의 카드가 있으나 SET이 하나도 없다. n번째 배열에서의 SET의 개수를 0으로 기록한다. 3장의 카드를 추가하고, SET을 하나 찾아서 없앤다. 이것이 12장의 카드로 이루어진 $n+1$카드 배열이 된다.

이 방법은 언제 실패하게 될까? 위의 두 번째 상황에서, 15장의 카드에 여전히 SET이 없을 수도 있다. 그렇다면 3장의 카드를 추가해야 하는데, 그렇다면 총 18장이 된다. 이제 18장의 카드 속에 SET이 있다고 가정하면, 우리는 SET을 하나 없애고 총 15장이 된다. 15장 속에 SET이 있다고 가정하면, 우리는 SET을 없애고 총 12장의 카드로 다시 돌아오게 된다.

이 상황에서 우리는 $n+1$번째 카드 배열을 완전히 건너뛰었다. 우리의 시뮬레이션 관점에서 보면 우리는 n번째 12장의 카드 배열에서 $n+2$번째 12장의 카드 배열로 바로 이동한 것이다. 그러므로 우리의 데이터에는 게임을 진행하기 위해 15장보다 많은 카드가 배열되는 때에는 데이터가 전혀 세어지지 않는다.

이러한 일이 얼마나 일어나는가? 두 번째 카드 배열에서 100,000,000번 중 36,294번이 세어지지 않았다. 이는 데이터의 0.036%로, 이러한 경우들을 무시해서 생기는 불명확함은 무시해도 될 정도로 작다.

10.2.3 게임이 끝나갈 때의 SET

시뮬레이션은 (테이블 위에서 아직 분배되지 않은) 카드 묶음에 있는 SET의 개수도 각각의 배열에서 추적하였다. 게임이 끝나감에 따라 남은 카드들에 대해, 이것은 재미있는 데이터를 생성하였다. [표 10.3]은 남은 카드들 중 이 시뮬레이션에 있는 SET의 개수의 평균과 랜덤하게 카드를 뽑았을 때의 SET의 기댓값이 나와 있다.

당신은 (테이블 위와 남은 카드 묶음에서) 평균적으로 랜덤하게

[표 10.3] 100,000,000번 시행했을 때 게임 끝자락에 남은 카드의 개수

남은 카드 수	남은 카드들에 있는 SET 개수의 평균	랜덤하게 카드를 뽑았을 때 SET의 기댓값
18	9.98	10.33
15	5.38	5.76
12	2.35	2.78
9	0.67	1.06
6	0.05	0.25

뽑은 카드들보다 SET의 개수가 적다는 것을 볼 수 있다. 그러므로 우리는 이러한 카드들의 모임이 랜덤하지 않다고 결론 내릴 수 있었다. 남아서 아직 배열되지 않은 카드들은 완전히 랜덤한 모임이기 때문에, 문제는 테이블 위의 카드들 때문에 발생할 수밖에 없다. 이 카드들은 게임의 서로 다른 시점에서 제거될 기호가 있는데, 아직 제거되지는 않은 상태이다. SET의 기댓값과 실제 SET의 개수 사이의 차이는 남은 카드 수가 적을 때 더 명백하게 나타나는데, 왜냐하면 전체 카드에 대한 테이블 위의 카드 비율이 더 커지기 때문이다.

10.2.4 게임이 끝났을 때 남은 카드의 수

우리는 게임이 끝날 때 테이블 위에 3장의 카드가 남을 수 없다는 것을 알고 있다. 우리는 또한 (9장의 최대 캡에 대한 연구로부터) 21장의 카드들의 모임은 반드시 SET을 포함한다는 것을 알고 있다. 그러므로 게임이 끝났을 때 테이블 위에 남은 카드 수는 0,

[표 10.4] 100,000,000번 시행에서 게임이 끝났을 때 남은 카드의 수

남은 카드	나타난 비율
0	1.22%
3	0%
6	46.8%
9	44.5%
12	7.37%
15	0.0077%
18	5.4×10^{-5}%

6, 9, 12, 15, 18만 가능하다. 각각은 얼마나 자주 나타나는가? 위와 같은 시뮬레이션을 사용하여 우리는 이러한 질문들에 답할 수 있다. [표 10.4]는 100,000,000번 시뮬레이션 했을 때 나온 결과를 요약한 것이다.

기대한 바와 같이 3장의 카드가 남는 경우는 전혀 없었다. 또한 아무런 카드가 남지 않았을 때는 100번 중 1번이 조금 넘는다는 것에 주목하자. 이것은 우리의 게임 경험과 일치한다. 이것은 그다지 자주 벌어지지는 않았는데, 그렇다고 우리가 여러 해 동안 게임을 하며 실제로 그 기록을 남긴 것은 아니다. 이것은 당신이 정말로 많은 게임을 해보아야 하는 이유가 될 것이다.

마지막으로, 12장 이상의 카드가 게임 끝에 남는 것도 그다지 흔한 일(7.5% 이하)은 아니다. 이것은 우리의 이전 시뮬레이션과 일치하는데, 테이블 위에 놓인 마지막 12장의 카드는 평균적으로 2개 SET(물론 두 SET은 카드를 공유할 수 있다)을 가진다. 반면에 처음 12장의 카드에 SET이 없을 확률(대략 3.2%)과 마지막 12장의 카드에 SET이 없을 확률(대략 7.4%)을 비교해보면, 나중 상황이 두 배 더 자주 일어남을 확인할 수 있다.

10.3 어떻게 SET을 제거할 것인가?

우리가 지난 절까지 했던 모든 시뮬레이션에서는, 컴퓨터가 테이블에 놓인 모든 SET을 다 찾은 후 랜덤하게 하나를 제거하도록 프로그램 되어 있었다. 이것은 대부분의 사람들이 하는 행동을 잘 반영하지는 못한다. 우리의 경험에 의하면 사람들은 보통 많은 속성을 공유하는 SET을 먼저 찾는다.[52]

이것이 문제가 되는가? 좀 더 정확하게는 다음과 같이 질문할 수 있다.

> **질문**
> SET을 없애는 방법이 게임이 진행되는 각각의 카드 배열에서 SET의 기댓값에 영향을 끼치는가?

우리가 시뮬레이션을 하기 전에는 영향이 없을 것이라 예상했었다. 우리는 네 가지 시뮬레이션을 돌려 보았고, 각각은 SET을 다음과 같은 네 가지 방법 중 하나로 뽑아 제거하였다.

- 랜덤: SET을 (이전 절에서와 같이) 랜덤하게 뽑는다
- 가장 많은 속성: 가장 많은 속성이 같은 것을 먼저 뽑는다 (서로 같은 개수 중에서는 랜덤하게 뽑는다)

---

[52] 우리는 이에 대해 경험적인 증거만 가지고 있다. 우리 저자 중 한 명은 보통 모든 속성이 다른 SET을 처음으로 찾는다고 주장하였다. 다른 저자들은 그녀의 생각을 완전히 이해하지는 못하지만, 그녀는 카드를 대단히 빨리 찾기 때문에 우리는 그녀를 믿는다.

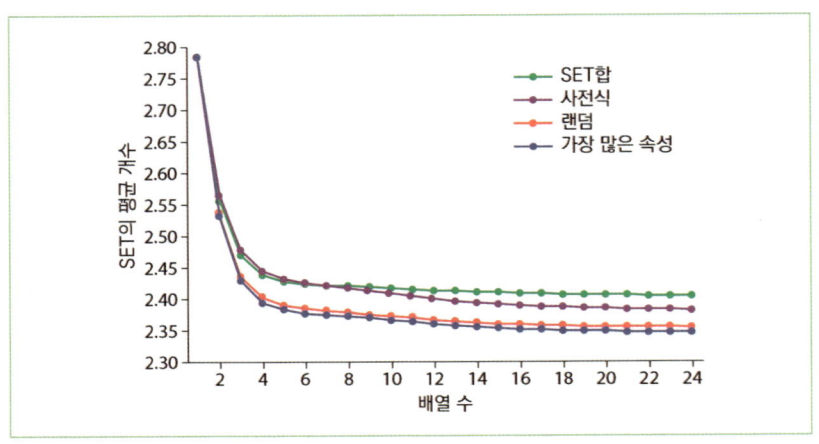

[그림 10.4] 100,000,000번의 시행에서 네 가지 서로 다른 전략을 썼을 때, 카드 배열 순서에 따른 SET의 평균 개수의 변화

- 사전식: 모든 카드를 4개 순서쌍으로 표현하고 사전식 순서로 배열한다.[53]
- SET합: 먼저 모든 카드를 4개 순서쌍으로 변환한 후, 각각의 카드에 대해 네 좌표를 더한다. (mod3이 아닌 그냥 합을 의미한다.) 이것을 **카드합(CardSum)**이라 부른다. **SET합(SetSum)**이란 SET을 이루는 카드들의 카드합으로 정의한다. 예를 들어, 만일 세 벡터가 (1,2,1,0), (2,1,1,2), (0,0,1,1)이라면, 각각의 카드합은 4, 6, 2가 되고, SET합은 12가 된다. 그 후 가장 작은 SET합을 가진 SET부터 제거한다. (만일 SET합이 일치하면 랜덤하게 고른다)

SET을 없애는 네 가지 전략이 각각의 배열에서 근사적으로 동일한 SET 개수의 평균을 줄 것인가? 아니라면, 어떤 방법이 가장

---

[53] 사전식 순서란 첫 좌표의 숫자가 작은 카드가 앞에 놓이는 것을 의미한다. 만일 첫 좌표가 같다면 두 번째 좌표의 수가 작은 카드가 앞에 놓인다. 그 이후도 마찬가지이다.

기댓값이 크고, 어떤 방법이 가장 작겠는가? (무심코 문제에 뛰어들기 전에 이에 대해 먼저 숙고해 볼 가치가 있다.) 우리의 시뮬레이션 결과는 [그림 10.4]에 그래프로 표현되어 있다.

우리는 이 발견에 깜짝 놀랐다.[54] 당신이 게임을 하는 동안 SET을 고르는 다른 전략을 사용하면 SET 개수의 기댓값이 달라진다. 각각은 동일한 점(첫 12장의 카드 배열에서 2.78개 SET)에서 시작하지만, 첫 SET을 고른 이후부터는, 두 번째 카드 배열부터 SET의 기댓값이 달라진다. 왜 SET을 지우는 알고리즘이 문제가 되는 것일까? 우리는 이를 수수께끼라 생각한다.

[그림 10.4]의 데이터에 기반을 두어 네 가지 시뮬레이션에 대한 몇 가지 관찰을 할 수 있었다.

1. SET합을 이용하여 SET을 없애는 것이 게임을 하는 동안 가장 많은 SET을 남기고 있으므로 최적인 방법으로 보이고, 반면에 가장 많은 속성 알고리즘은 가장 적은 SET을 남긴다.
2. 우리는 처음에 SET합, 사전식, 랜덤 알고리즘이 모두 동일한 결과를 줄 것이라 예상했었으나, 이것은 잘못되었다. 랜덤하게 SET을 없애는 것은 SET합이나 사전식 방법에 비교했을 때 가능한 SET의 개수를 줄인다.
3. 이전에 언급한 바와 같이, 우리는 대부분의 사람들이 더 많은 공통 속성을 가진 SET부터 없앤다고 믿는다. 그래프가 보여 주듯이, 이러한 게임 방식은 게임이 진행됨에 따라 (다른 세 가지 전략과 비교했을 때) 더 적은 개수의 SET을 테이블 위

---

54) 사실 "충격을 받았다"는 표현이 더 적절할 것이다. 프로그래머 Brian Lynch는 특별히 더 놀랐었다. 그는 SET합 방법을 고안했는데, 왜냐하면 이것이 프로그래밍하기 쉬웠기 때문이었고, 그는 진심으로 이것이 문제가 될 줄 상상도 못했었다.

에 남기게 된다. 이것은 불행한 일이고, 더 많은 탐구가 필요하다. 이것은 3가지의 속성이 모두 같은 SET(전체 SET의 10%를 차지한다)의 개수가 더 적은 개수의 속성이 같은 SET보다 더 적은 수만큼 존재한다는 사실 때문에 발생한 일인지도 모른다.

4. 카드에 좌표를 부여하여 벡터로 만드는 방식을 바꾸는 것이 어떠한 변화를 주는가? 여기에서 카드들에 특정한 좌표를 부여하는 것은 모든 과정에 영향을 끼치지 않아야 하는데, 즉 우리는 [그림 10.4]가 동일할 것으로 기대한다. 사실 고른 좌표를 바꾸는 것은 랜덤과 가장 많은 속성 선택하기에는 영향이 없다. 하지만 좌표 시스템을 바꾸는 것은 SET합과 사전식 방법에서 SET을 선택하는 방식에 큰 영향을 끼친다.

시뮬레이션을 20번째 카드 배열에서 중단한 후, 테이블 위의 카드들이 얼마나 "꼬여있는가"를 측정해 보는 것은 흥미로울 것이다. 이것을 측정하는 한 가지 방법은 배열된 모든 카드의 벡터를 나열한 후, 좌표들의 평균을 계산하는 것이다. 우리는 서로 다른 방식이 서로 다른 평균을 줄 것이라고 기대할 수 있다.

우리의 것과 비슷한 결과는 H. Warne의 블로그[55]에서 찾을 수 있는데, 이는 P. Norvig의 블로그 게시물[56]에 대한 대답으로 쓰여진 것이다. Warne의 시뮬레이션은 발견된 첫 SET을 제거하는 방식(우리의 사전식 방식과 대단히 유사하다)과, 모든 SET을 찾은 후 랜덤하게 하나를 없애는 방식(우리의 랜덤 방식)과 속성이 가장 많이 같은 SET을 없애는 방식(우리의 가장 많은 속성 방식)을 비교하

---

55) http://henrikwarne.com/2011/09/30/set-probabilities-revisited/
56) http://norvig.com/SET.html

였다. 우리와 마찬가지로 그는 첫 SET을 제거하는 방식과 나머지 두 개가 서로 다르다는 결과를 얻었다.

반면에 우리는 이러한 방식들에 너무 공들여 연구할 필요는 없다. "최고"의 방법과 "최악"의 방법 사이의 차이는 거의 0.05로, 한 SET의 1/20정도 밖에 되지 않고, 이 차이는 게임의 마지막 순간까지 쭉 지속된다. 그러므로 우리는 SET합 방법을 쓸 때에 가장 많은 속성 방식을 쓸 때보다 20게임에서 한 번 정도 더 SET이 많아진다고 기대할 수 있다.

하지만 분명히 차이가 있다. 우리는 이번 절을 철학적인 코멘트로 마무리하고자 한다. 우리는 모든 SET이 동일하다(8장에서 모든 SET은 아핀 동치임을 보였다)는 것을 알고 있다. 하지만 서로 다른 방법으로 SET을 제거하는 것은 게임의 진행을 다르게 만든다. 이것은 SET이 사실은 서로 다르다는 것을 의미하는가? 우리는 당신이 이 미스터리를 간직해서 해결하려는 시도를 할 것을 권한다.

보드게임 SET에
담긴 수학 2

10.4 전체 카드 묶음에서 서로소인 SET을 없애기

이번 장의 주요한 점 중 하나는 당신이 시뮬레이션을 다양한 방법으로 할 수 있다는 것이다. 하지만 지금까지 우리는 컴퓨터가 실제 게임 진행 방식을 모방하도록 하였는데, 12장의 카드를 배열하고, SET을 하나 없애고, 3장의 카드를 채우는 등의 작업이 그것이다.57) 하지만 카드 묶음에서 SET을 없애는 다른 방법을 도입해서 컴퓨터 프로그래밍을 할 수도 있다. 특별히, 만일 전체 카드 묶음을 펼쳐놓고 SET을 랜덤하게 없애면 어떻게 될까?

> **질문**
> 전체 카드를 펼쳐놓고 SET을 없애는 것과 12장의 카드를 펼쳐놓고 각 판마다 SET을 랜덤하게 없애는 것과는 차이가 있을까?

이 질문에 답하기 위해, 컴퓨터는 전체 카드에서 랜덤하게 뽑은 SET을 한 번에 하나씩 없앤 후, 각각의 과정에서 남은 SET의 총 개수를 세도록 하였다. 그 결과는 [표 10.5]에 나와 있고, 각각의 과정에서 남은 SET의 개수는 [그림 10.5]에도 제시되어 있다. 서로 다른 시뮬레이션들 때문에 주어진 수의 SET을 없앤 후에 남은 SET의 개수가 큰 범위를 가지게 되었다. 우리의 시뮬레이션에서 가장 큰 범위는 13개 SET이 제거된 상황으로, SET 개수의 최댓값은 168개이고 최솟값은 106개이다.

---

57) 물론 엄청 빠르게 한다. 컴퓨터이기 때문이다.

[표 10.5] 100,000,000번 시행, SET은 랜덤하게 선택함. 서로소인 직선들을 없앤 후 남은 카드 묶음에 있는 SET 개수의 평균값

없앤 SET 개수	남은 SET의 평균값	최댓값	최솟값	없앤 SET 개수	남은 SET의 평균값	최댓값	최솟값
0	1080	1080	1080	14	113.86	142	83
1	962	962	962	15	88.75	115	61
2	853	853	853	16	67.62	94	43
3	752.63	753	744	17	50.10	94	28
4	660.52	662	653	18	35.87	61	19
5	576.31	580	562	19	24.57	48	8
6	499.62	507	479	20	15.87	34	4
7	430.11	443	408	21	9.45	26	1
8	367.39	384	333	22	4.96	22	1
9	311.11	330	276	23	2.08	13	1
10	260.92	281	225	24	0.59	6	1
11	216.45	239	180	25	0.04	2	2
12	177.36	201	141	26	1	1	1
13	143.28	168	106				

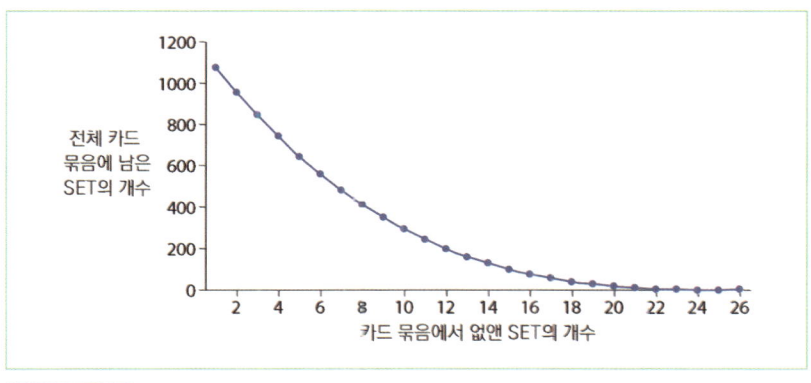

[그림 10.5] n개 SET이 제거되었을 때 전체 카드 묶음에서 남아 있는 SET의 개수의 평균

10.4 전체 카드 묶음에서 서로소인 SET을 없애기

[표 10.6] 100,000,000번 시행한 서로 다른 두 시뮬레이션을 통해 게임 끝에 남은 카드 수의 빈도를 비교한 것

남은 카드	게임을 했을 때의 비율	전체 카드 묶음에서 카드를 없앴을 때의 비율
0	1.22%	0.878%
3	0%	0%
6	46.8%	41.46%
9	44.5%	47.25%
12	7.37%	10.26%
15	0.077%	0.151%
18	5.4×10^{-5}%	1.68×10^{-4}%

게임을 하는 것과 단순히 전체 카드 묶음에서 SET을 제거하는 것 사이의 차이에 대한 논의가 온라인에서 있었다. 예를 들면 StackExchange's MathOverflow 웹사이트에서는 "완벽한" SET 게임이 될 확률, 즉 모든 카드가 다 없어질 확률에 대한 논의가 있었다. 여기에 그 논의에서 나온 질문을 제시한다.

81장의 카드가 위로 향하게 놓여 있고, SET이 없을 때까지 랜덤하게 SET을 없앤다. 이때 어떤 카드도 남지 않을 확률이 정상적으로 게임을 진행했을 때와 일치하는가? (익명의 질문자[58])

이 논의에서 Warne는 차이가 없을 것 같다는 쪽에 의견이 기울어져 있지만, 완전히 확신하지는 못하겠다고 하였다. 우리의 데이터는 확률이 다름을 보여주고 있다.

[표 10.6]에서 우리는 10.2절에서 얻은 시뮬레이션(평상시와 같

---

58) MathOverflow at StackExchange, http://mathoverflow.net/questions/66400/probability-of-having-a-perfect-game-of-set

이 진행한 게임)과 위의 데이터(전체 카드 묶음에서 SET을 랜덤하게 뽑은 것)를 비교하였다.

우리는 두 과정 사이에 차이가 있다고 결론 내릴 수 있다. 구체적으로는 전체 카드 묶음에서 랜덤하게 SET을 없애는 것이 마지막에 남은 카드 수를 증가시킨다. 10.2절의 시뮬레이션에서 게임 끝에 남은 카드 수의 평균은 약 7.7이었다. 이번 절의 전체 카드 묶음에서 랜덤하게 SET을 없애는 시뮬레이션은 약 8이다.

더구나 카드를 모두 없앨 확률은 극적으로 다르다.[59] 비록 두 확률 간의 숫자 차이는 $1.22\% - 0.878\% = 0.342\%$로, 대단히 작은 값이지만, 이것을 해석하는 다른 방법은 비율을 살펴보는 것이다.

$$\frac{1.22\%}{0.878\%} \approx 1.4$$

그러므로 전체 카드 묶음에서 SET을 랜덤하게 없애는 것보다 게임을 규칙에 따라 진행하는 것이 대략 40%정도 더 전체 카드를 없앨 확률을 높인다. 이것은 MathOverflow 사이트에 제기된 문제에 대한 답이 된다.

우리는 이번 절을 마지막 수수께끼로 마치려 한다. 여기에 두 가지 서로 비교할 만한 상황이 있다.

1. SET을 하나 뽑고 옆에 두자. 이제 9장의 카드를 뽑아서 배열한다. 9장의 카드들에는 SET이 평균적으로 몇 개 존재하는가? 이것은 정확하게 계산이 가능한데, 이론적으로 기댓값은 1.0622이다.
2. 이제 12장의 카드를 뽑아서 배열한 후 12장의 카드에서 랜덤

---

[59] 아마 우리가 너무 극적인 표현을 좋아하는지도 모르겠다. 우리 저자들은 감정 표현이 활발한 사람들이다.

하게 하나의 SET을 제거한다. (만일 SET이 하나도 없다면, 카드들을 다시 묶음에 넣고 다시 섞은 후 다시 배열한다.) 남은 9장의 카드에 남은 SET의 개수의 기댓값은 얼마인가? 이것은 쉽게 계산할 수 없는데, 우리의 시뮬레이션으로부터, 우리는 9장의 카드 중에 평균적으로 0.8147개 SET이 있음을 발견하였다. (이 시뮬레이션에서 SET이 하나도 없는 12장의 카드 배열은 무시되었다.)

이 둘 간의 차이는 중요한데, 실질적으로도 그렇고 통계적으로도 그렇다. 우리는 처음 카드를 나누어준 후 SET을 없애는 것과 SET을 없애고 카드를 배열하는 것 사이에 근본적인 차이가 있음을 볼 수 있다. 이것은 더 탐구할 만한 가치가 있는데, 프로젝트 10.2와 10.3을 보자.

10.5 마지막 6장의 카드

당신이 SET 게임을 하였고, 마지막에 6장의 카드가 남았다고 하자. 이 카드들은 흥미로운 성질을 가지고 있다. 만일 당신이 이들을 세 쌍으로 랜덤하게 분할한다면, 각각의 쌍을 SET으로 만드는 카드들을 모으면 이 카드들도 SET을 이루던지 아니면 한 장의 동일한 카드가 모든 쌍을 SET으로 만든다. (우리는 이 상황을 두 번 다루었다. 연습문제 1.2 또는 더 확대된 논의는 5.7절을 보자.) 또한 남은 6장의 카드의 합은 $\vec{0}$가 되는 것도 기억하자.

우리의 시뮬레이션은 다음 질문에 대한 답을 준다.

> **질문**
> 합이 $\vec{0}$이 되고 SET을 포함하지 않는 6장의 카드 배열 중에서, 세 쌍으로 나누어져 동일한 카드가 각각의 쌍을 SET으로 만들게 되는 것은 얼마나 많은 비율인가?

만일 우리가 여섯 장의 카드를 세 쌍으로 분할하여 동일한 카드가 각각의 쌍을 SET으로 만들게 되었을 때, 우리는 이를 삼중 교차 SET이라 불렀다. 만일 우리가 6장의 적절한 카드 배열(즉 합이 $\vec{0}$이 되는 카드 배열)이 모두 같은 비율로 발생한다고 가정한다면, 우리는 (시뮬레이션 없이) 이것이 얼마나 자주 벌어지는지 알 수 있다. 적절한 카드 배열 중 대략 21.74%가 삼중 교차 SET이 된다.

하지만 각각의 적절한 카드 배열이 동일한 비율로 나타날까? 이것을 확인하기 위해서는 우리는 다른 시뮬레이션을 돌려보아야 한다. 이 시뮬레이션은 두 부분으로 되어 있다.

1. 첫 번째 파트는 우리가 여러 번 해왔던 것을 약간 비튼 것이다. 그냥 게임을 하며 반복적으로 랜덤하게 뽑은 SET을 제거한 후, 마지막에 6장의 카드가 남게 되는 시행만 남긴다.
2. 이 여섯 장의 카드가 삼중 교차SET이 되는지 확인한다.

시뮬레이션을 100,000,000번 돌리며 SET을 랜덤하게 제거했을 때, 6장의 남은 카드가 삼중 교차SET을 이룰 비율은 18.1545%였다. 이것은 적절한 카드 배열이 동일한 비율로 발생한다는 가정이 잘못되었음을 의미하며, 적어도 SET이 랜덤하게 제거될 때에는 이렇다는 것을 뜻한다.

우리가 어떤 결론을 내릴 수 있을까? 삼중 교차SET이 우리가 예측한 것보다 적게 나타나기 때문에, 이러한 카드 배열은 실제 게임을 할 때 더 자주 파괴될 것이다. 더 탐구하기 위해, 우리는 시뮬레이션을 반복하되, SET을 제거하는 다른 방법을 사용할 수도 있다. 연습문제 10.8을 보자.

10.6 마지막 카드 게임

우리는 SET 게임을 할 때마다 마지막 카드 게임을 한다.[60] 게임을 시작할 때 한 장의 카드를 앞면이 아래로 가도록 뒤집어서 옆에 치워놓는다. 그 후에 당신이 평상시와 같이 게임을 끝까지 진행하여, 테이블 위에 더 이상 남은 SET이 없도록 한다. 그 후에 테이블 위에 남아있는 카드들로부터 게임을 시작할 때 치워놓았던 카드가 무엇인지를 알아맞힌다. 만일 당신이 그 카드를 포함하는 SET을 처음으로 찾는다면, 당신은 마지막 카드 게임을 "이기게" 된다. 불행하게도, 이 카드가 항상 SET을 만드는 것은 아니기 때문에, 이러한 경우에는 누구도 승리하지 못한다.

[표 10.7] 게임이 n장의 카드로 끝날 비율과, 각각의 경우에 마지막 카드 게임에서 승자가 존재할 확률. 17장의 카드가 남은 경우는 100,000,000번의 시행 중에서 309번이었음에 주의하자.

남은 카드 수	비율	승자가 있을 비율
2	1.34%	100%
5	25.7%	0%
8	55.9%	39.54%
11	16.6%	59%
14	0.52%	85.4%
17	(309)	86%

---

[60] 왜냐하면 우리는 마지막 카드 게임을 사랑하기 때문이다.

> 보드게임 SET에
> 담긴 수학 2

> 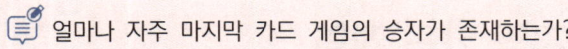 얼마나 자주 마지막 카드 게임의 승자가 존재하는가?

지난 절의 상황과는 다르게, 우리가 모든 마지막 카드 배열이 동일한 빈도로 나타난다고 가정하더라도, 마지막 카드 게임의 치워둔 카드가 테이블 위의 다른 카드들과 SET을 이룰 확률을 구하는 것은, 불가능하지 않을지도 모르지만 대단히 심각하게 어렵다. 그러므로 이 상황에서는 시뮬레이션이 간절히 필요하다.

이 시뮬레이션을 하려면, 우리는 전체 카드 묶음에서 한 장의 카드를 없앤 후 게임을 끝날 때까지 진행한다. 마지막에는 우리가 치워둔 카드가 남아있는 카드들과 SET을 이루는지 확인한다. [표 10.7]은 이러한 시뮬레이션의 결과를 보여준다.

우리가 전에 본 바와 같이, 2장의 카드가 남은 경우에는, 숨겨둔 카드는 반드시 SET을 이루어야 하고, 5장의 카드가 남은 경우에는 SET을 이룰 수가 없다. 만일 더 많은 카드가 있다면, 숨긴 카드로 SET이 될 확률이 올라가게 된다. 물론, 더 많은 카드가 있을수록, 숨긴 카드를 찾아내기가 더 어려워진다. 아마도 이것이 마지막 카드 게임을 더 보람되게 할 것 같다(카드를 찾기 어려운 상황에서는 SET이 나올 확률이 높아진다).

우리는 [표 10.7]을 이용하여 우리의 동기가 되었던 질문에 답을 할 수 있다.

> 마지막 카드 게임에서 승자가 있을 확률은 33.6%이다.

이 표에는 또 다른 흥미로운 데이터가 담겨 있다. 전체 카드를 다 없애는 상황은 바로 마지막에 2장의 카드가 남은 것에 대응한다. 이것은 우리의 시뮬레이션에 의하면 1.34%가 된다. 하지만 10.2절의 시뮬레이션에 의하견 카드를 다 없앨 확률은 1.22%였다. 이것은 당신이 카드를 한 장 치워놓는다면, 평범하게 게임을 진행했을 때 보다 카드를 모두 없앨 확률이 높아진다는 것을 의미한다.

> 어떻게 카드를 한 장 치워놓는 것이 카드를 모두 없애는 것에 도움이 될 수 있는가?

우리는 그 이유를 알지 못하는데, 상황은 더 나빠진다.[61] 우리는 이 시뮬레이션을 4번 돌렸다. SET을 랜덤하게 제거하는 알고리즘 뿐만 아니라, 10.2절에서 소개한 가장 많은 속성, SET합, 사전식 순서 알고리즘 모두에 대해 100,000,000번씩 시행을 하였다. 각각의 과정의 비율은 [표 10.7]과 거의 비슷하게 나왔다. 하지만 SET합과 사전식 순서 과정의 경우 전체 카드를 없앨 확률이 1.47%로, 위의 1.34%보다도 높고, 이전의 시뮬레이션(카드를 치우지 않은 것)이었던 1.22%보다는 20%나 더 높은 값이 나왔다.

---

61) 당신이 퍼즐을 좋아한다면 더 좋아졌다고 할 수도 있겠다.

보드게임 SET에
담긴 수학 2

10.7 항상 카드를 모두 없앨 수 있는가?

한때 (허가받지 않은) SET 웹 버전을 가진 홈페이지가 있었다. 매일 새로운 카드 묶음이 생성되고, 사람들은 같은 카드 묶음으로 게임을 즐겼다. 이 게임은 혼자 하는 SET이었는데, 12장의 카드가 분배되고, SET을 골라내면 새로운 카드가 펼쳐지고, 게임은 더 이상 SET이 없을 때까지 계속된다.

이 웹사이트는 많은 데이터를 가지고 있었다. 게임을 한 각각의 사람에 대해, 그들은 이름과 그들이 게임을 하는 데 얼마나 시간이 걸렸고, 얼마나 많은 SET을 없앴는지를 나열하였다. 그에 더하여, 이 사이트는 가장 잘한 10명(지난 한 달 동안 가장 작은 평균값을 가진 사람들)의 리스트와 시간들을 기록해 두었다. 종종 최종 10명의 기록은 1분 30초보다 작기도 했지만, 2분 30초부터 3분 사이에 놓이기도 하였다. 역대 최고 기록은 1분 7초였다.[62]

이 데이터는 일부 카드 묶음이 명백하게 다른 것에 비해 어렵다는 것을 보여주었다. 일부 카드 묶음에서는 가장 우수했던 10명이 전혀 게임을 못하기도 했었는데, 왜냐하면 아마도 이 사람들이 게임을 시작했다가 SET을 모두 없애기 전에 포기했기 때문일 것이다.[63]

이것은 다음과 같은 자연스러운 질문을 하게 한다.

---

[62] 이것은 정말로 빠른 기록이다. 보통 25개 정도의 SET이 한 게임에서 골라지고 각 SET은 세 장의 카드로 이루어져 있기 때문에, 그리고 각각의 카드를 모두 컴퓨터에서 골라야하기 때문에, 이것은 총 75번의 선택을 필요로 하며 이것은 1초에 한 번 이상 클릭을 해야 한다는 것을 뜻한다.

[63] 우리 저자 중 한 명도 한 번 이상 이런 일을 했었다.

> 주어진 카드 묶음에 대해, 게임을 하는 서로 다른 몇 가지 방법이 존재하는가?

만일 펼쳐진 카드 속에 2개 SET이 한 장의 카드를 공유하고 있다면, 하나의 SET을 뽑는 것이 다른 SET을 뽑는 것과는 다르게 게임이 진행된다는 것은 이해할 수 있을 것이다. 이러한 게임들은 얼마나 다를까? 이것은 탐구해 볼 만한 질문이다. 이것을 탐구하는 한 가지 방법은 똑같은 카드 묶음을 반복해서 게임해 보는 것이다. 연습문제 10.7에서는 당신이 이것을 시뮬레이션하기를 요구할 것이다. 만일 당신이 게임 나무를 추적하는 프로그램을 만들 수 있다면 더욱 좋을 것이다. 만일 그렇게 했다면, 우리에게 알려 달라.

허가받지 않았던 웹사이트에는 더욱 흥미로운 다른 데이터도 있었다. 정기적으로 한 명(혹은 드물게 두 명)이 카드 묶음의 카드를 모두 없앴다. 이것은 또 다른 질문을 하게 한다.

> 주어진 특별한 카드 묶음에 대해, 모든 카드를 없애는 SET의 수열이 항상 존재할 수 있는가?

이 질문에 대한 답은 "아니요"이고, 우리는 [그림 10.6]에서 시작하는 예를 제시할 것이다. 이 예에서 각각의 12장의 카드 배열에는 오직 하나의 SET이 존재하고, 마지막 9장의 카드 배열에는 SET이 없다. 각각의 배열에서 없앨 수 있는 SET이 하나뿐이므로, 이 경우에는 카드를 모두 없애는 것이 불가능하다.

우리는 당신이 [그림 10.6]부터 [그림 10.8]까지 이어지는 카드 배열을 잘 살펴보기를 권한다. 이 카드 배열들에서 SET을 조금 더 쉽게 찾는 방법을 하나 소개하면 다음과 같다.

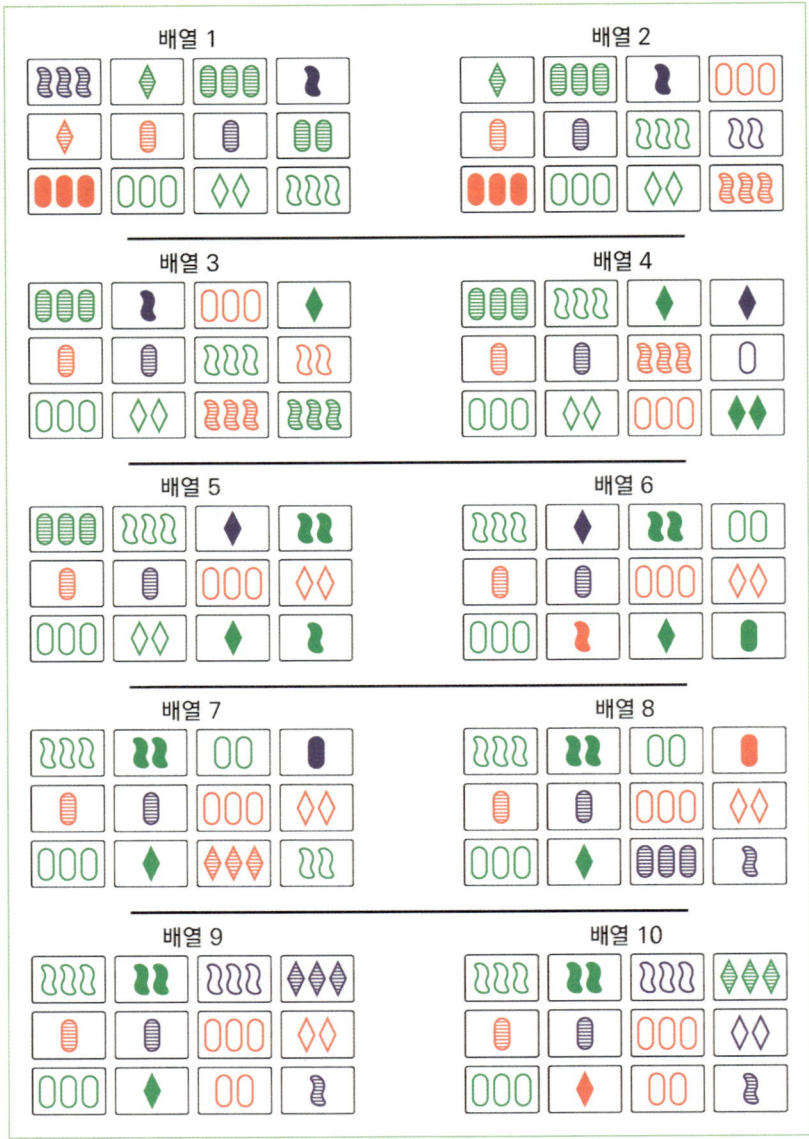

[그림 10.6] 게임의 배열을 시작부터 끝까지 따라가 보자. 행운이 있기를! 각각의 배열에는 오직 하나의 SET만이 존재한다.

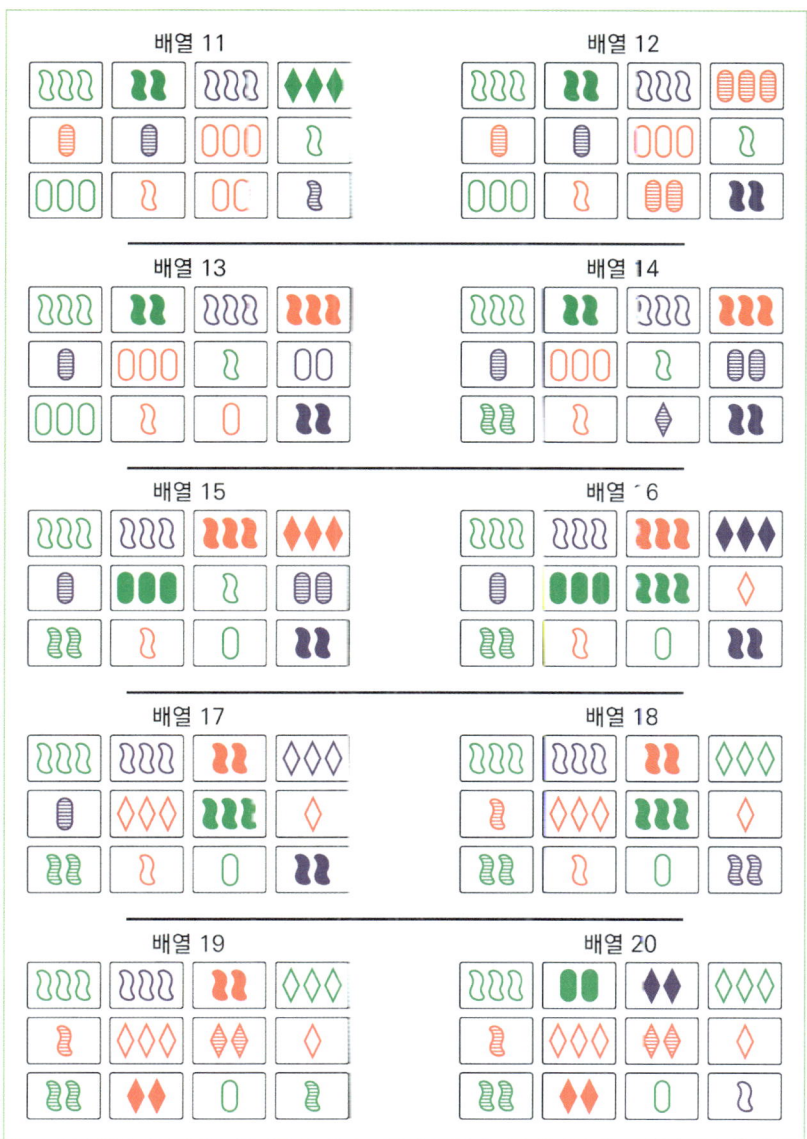

[그림 10.7] 계속하라.

> 보드게임 SET에
> 담긴 수학 2

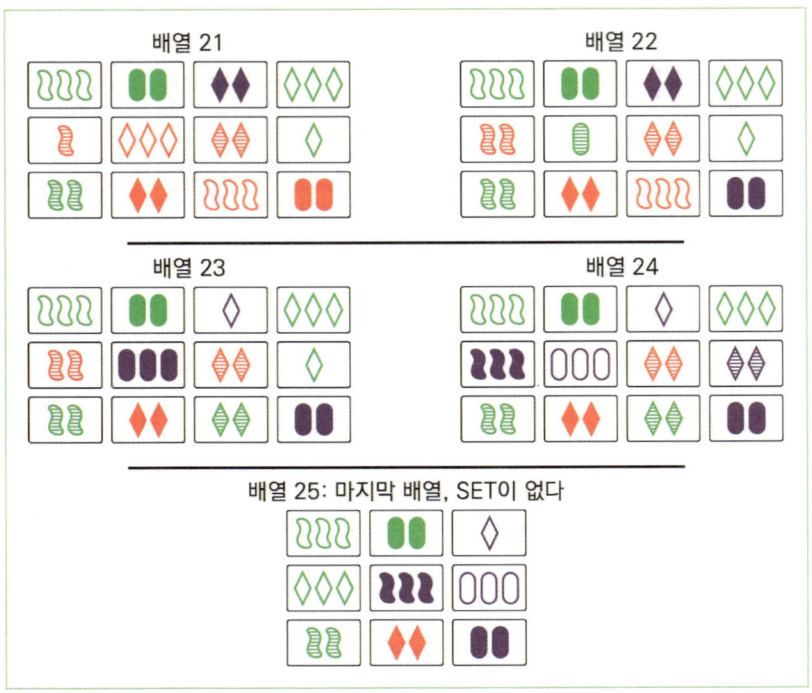

그림 10.8 게임의 끝

각각의 카드 배열에 오직 하나의 SET이 있다는 것을 알고 있기 때문에, 일단 SET을 찾으면, 남은 카드들에는 SET이 없다는 사실을 알 수 있다. 이것은 다음 카드 배열의 (유일한) SET은 반드시 이전 SET에 있던 자리에 새로 추가된 카드 중 하나를 포함해야 함을 알 수 있다.

당신이 카드 배열을 살펴보면 몇 가지 사실을 발견할 수 있을 것이다. 몇 장의 카드들은 한동안 살아남아 있다. 사실 '3개 초록 속이 빈 꿈틀이' 카드는 처음 배열부터 시작해서 마지막까지 살아남는다. 일반적으로 보통의 카드는 얼마나 오래 살아남는가?

평균적으로, 주어진 카드는 테이블에서 얼마나 오래 머무르는가?

우리는 당신이 이 질문을 스스로 탐구하기를 바란다.[64]

---

64) 저자들에게 당신이 얻은 결과를 알려주기를 바란다. 저자 중 일부는 정말로 기뻐할 것이다.

10.8 장을 마무리하며

우리는 이번 장이 답보다 더 많은 질문을 가지게 했기를 기대한다. 컴퓨터가 새로운 수학 발견을 하는 데에 대단히 중요한 도구라는 사실은 굳이 언급하지 않아도 되겠지만, 우리는 당신이 우리가 돌렸던 많은 시뮬레이션을 읽으며 이 메시지를 알게 되었기를 희망한다.

우리가 시뮬레이션을 돌리고 난 이후, 우리는 더 많이 해야 할 것들이 남아있다는 것을 알게 되었다. 우리는 SET이 서로 다른 방법으로 제거되었을 때 발생하는 차이점에 대해 특별히 호기심을 가지게 되었다. 우리는 왜 이런 차이가 생기게 되었는지 아직 이해하지 못하고 있지만, 앞으로 이해하게 되기를 바란다. 우리의 질문 중 일부는 이후에 나올 연습문제나 프로젝트를 통해 탐구될 것이지만, 우리는 당신이 우리가 묻지 않았던 새로운 문제들을 스스로 찾게 되기를 진심으로 희망한다.

계/산/연/습/문/제

이번 장의 연습문제는 조금 특별한데, 첫 두 문제를 제외하고는 컴퓨터 프로그래밍을 필요로 한다. 연습문제들은 보통 이미 만들어진 프로그램에 약간의 변형을 가하는 것을 요구하는 반면, 프로젝트들은 새로운 아이디어와 새로운 프로그램을 필요로 한다.

10.1. 이 문제는 10.2.1절의 계산을 마무리하는 것이다. 12장의 카드가 14개 SET을 포함하는 것이 가능하다. (이것은 프로젝트 5.1에서 탐구했었다.) 이를 위해 평면에서 시작하라. 여기에 세 장의 카드를 추가하여 전체 SET의 개수가 14개가 되도록 만드는 것이 가능하다.

  a. 14개 SET을 포함하는 12장의 카드를 뽑는 경우의 수는 얼마인가?
  b. 랜덤하게 뽑은 12장의 카드가 이러한 구조를 가지게 될 확률을 구하시오.
  c. 100,000,000번의 시행에서 이러한 구조를 만나게 될 기댓값을 구하시오.

10.2. 이 문제에서는 얼마나 다른 SET 게임이 존재하는지를 탐구한다. (10.7절의 계산을 사용한다)

  a. 먼저 12장의 카드를 놓은 후, 3장을 추가하고, 또다시 3장의 카드를 추가하고. 이를 계속하는 경우의 수는 어떻게 되는가? (이것은 게임의 관점에서 가능한 모든 서로 다른 전체 카드 묶음의 수를 묻고 있는 것이다.)
  b. 각각의 카드 배열에 대해, 이번 장의 시뮬레이션을 이용해서 구한 SET의 개수의 기댓값을 사용하여, 정해진 카드 묶음에 대해 전체 가능한 게임 개수의 근삿값을 구하시오.

컴/퓨/터/시/뮬/레/이/션/연/습/문/제

10.3. 게임이 진행되면서 바뀌는 각각의 카드 배열에, 주어진 개수의 SET이 있을 확률은 어떻게 되는가?

    a. 먼저 SET이 랜덤하게 제거되는 상황에서, 각각의 카드 배열의 SET의 개수를 추적하는 시뮬레이션을 돌리시오. 게임이 진행되면서 테이블 위에 SET이 하나도 없을 횟수는 어떻게 되는가? 게임이 진행되면서 테이블 위에 SET이 14개 있는 횟수는 어떻게 되는가? 그 사이의 개수들의 SET에 대해서는 어떻게 되는가?

    b. 이제 SET을 다른 방식으로 제거할 때의 시뮬레이션을 다시 돌리시오. 그 결과는 랜덤하게 SET을 제거했을 때와 유의미한 차이가 존재하는가?

10.4. SET을 제거하는 서로 다른 방법이 마지막 카드 배열의 크기에 얼마나 큰 변화를 가져오는가? 이 문제에서는 이것을 탐구한다. 10.2절의 게임 시뮬레이션을 10.3절에서 설명한 서로 다른 방법으로 다시 돌려보시오.

    a. SET을 랜덤하게 제거할 때의 시뮬레이션을 하시오.

    b. SET을 가장 많은 공통 속성을 가진 것부터 제거할 때의 시뮬레이션을 하시오. (공통 속성의 개수가 같으면 그중에서 랜덤하게 뽑으시오.)

c. SET을 첫 카드의 사전식 순서로 제거할 때의 시뮬레이션을 하시오. (만일 첫 카드의 순서가 같으면, 그중에서 랜덤하게 뽑던지 또는 두 번째로 작은 카드로 SET을 뽑으시오.)
d. SET을 SET합이 작은 순서대로 제거할 때의 시뮬레이션을 하시오. (만일 합이 같으면 그중에서 랜덤하게 뽑으시오.)
e. 당신의 결과들을 비교해 보시오.

10.5. 이 문제는 SET을 전체 카드 묶음에서 제거하는 방법에 대해 탐구한다.

a. 전체 카드 묶음에서 SET을 없애는 두 가지 시뮬레이션을 진행하시오. 시뮬레이션을 13번째 SET을 뽑은 후(즉 카드의 절반이 제거된 후)에 중단하고 남은 카드에 있는 모든 SET의 개수를 구하시오. (첫 번째 •에서 당신은 시뮬레이션을 한 번만 돌리면 되지만, 두 번째 •에서는 백만번 돌려야 한다.)
- SET을 사전식 순서로 제거할 때의 시뮬레이션을 돌리시오. 당신은 한 번만 돌려도 되는데, 왜냐하면 매번 SET은 같은 순서로 제거되기 때문이다. 왜 그런지 설명하시오.
- SET을 SET합 순서로 제거할 때의 시뮬레이션을 돌리시오.

b. 이제 두 번의 시뮬레이션을 더 돌리시오. 또다시, 시뮬레이션을 13번째 SET(이나 전체 카드 묶음의 절반 정도 되었을 때)에서 멈추고 남은 카드들을 관찰하시오. 각각의 속성 표현들은 남은 카드들에 얼마나 많이 있는가?

- SET을 같은 속성이 많은 순서로 제거하는 시뮬레이션을 하시오.
- SET을 랜덤하게 없애는 시뮬레이션을 하시오.

c. (a)와 (b)에서 얻은 두 가지 시뮬레이션에 의한 결과에 심각한 차이가 있는가? 더 탐구할 문제가 있는가?

[힌트 : 마지막 질문의 답은 "예"이다.]

10.6. 10.4절에서 우리는 전체 카드 묶음에서 SET을 랜덤하게 제거하는 시뮬레이션을 하였다. (만일 당신이 사전식으로 SET을 제거한다면, SET은 항상 똑같은 순서로 제거될 것이다.) SET을 없애는 다른 두 가지 방법으로 시뮬레이션을 다시 돌리시오. 각각의 경우에 제거된 SET들을 순서대로 기록해 두시오.

a. SET을 같은 속성이 많은 순서대로 제거하시오. (만일 속성의 개수가 같은 경우가 있으면 그중에서 랜덤하게 뽑으시오.) 3가지의 속성이 같은 SET, 2가지의 속성이 같은 SET 등이 얼마나 많이 뽑혔는지 확인하시오.

b. SET을 SET합이 작은 순서대로 제거하시오. (합이 같은 경우에는 그중에서 랜덤하게 뽑으시오.) 제거된 SET들의 SET합은 무엇이었는가?

c. 각 시뮬레이션에는 얼마나 큰 편차가 있는가?

10.7. 주어진 특정한 카드 묶음에 대하여, 게임을 얼마나 다른 방식으로 진행할 수 있는가? 여기에서는 이 질문을 탐구한다.

    a. 컴퓨터가 랜덤하게 카드 묶음을 선택하도록 한다. 같은 카드 묶음에서 게임을 반복적으로 시행한다. 각각의 시행마다 총 몇 개의 SET이 꺼내졌는가?

    b. 게임의 진행 과정을 길로 표현해서 추적하는 방법을 찾아보시오. [경고: 이것은 큰 계산을 요구하기 때문에, 컴퓨터에 충분한 메모리와 좋은 시각화 방법이 있어야 한다.]

    c. 전체 카드가 각각의 배열에서 하나의 SET만 존재하도록 하는 당신만의 방법을 찾아보시오.

10.8. 게임 끝에 여섯 장의 카드가 남았을 때, 삼중 교차SET을 만들 수도 있고, 그렇지 못할 때도 있다. 10.5절에서 우리는 SET을 랜덤하게 제거하였을 때, SET을 포함하지 않고 합이 $\vec{0}$인 카드 배열들은 같은 빈도로 나타나지 않는다는 사실을 발견했었다. 당신이 SET을 다른 방식으로 제거하더라도 이것은 여전히 참인가?

    a. SET을 사전식 순서로 제거하며 진행하되, 마지막에 6장의 카드로 끝나지 않는 것은 무시하는 프로그램을 작성하시오. 그 후 6장의 카드가 삼중 교차SET을 포함하는지를 확인하는 작업을 추가하시오. 이 결과를 기록하시오.

    b. (a)를 반복하되, 같은 속성이 가장 많은 것 순서로 SET을 제거하시오.

c. (a)를 반복하되, SET합을 이용하여 **SET**을 제거하시오.

d. 당신의 결과를 설명하시오.

10.9. 카드들이 게임이 진행될 때 테이블 위에 얼마나 머무는지에 대한 평균값을 테스트하는 시뮬레이션을 하시오. 어떤 카드들이 제거되는지가 영향을 끼치는가?

10.10. 이번 질문은 4장에서 언급된 바 있다. 게임 끝에 6장의 카드가 남았을 때, 그들이 모두 하나의 속성을 공유하는 것이 가능하다. 예를 들면, 그들이 모두 보라색이거나 모두 줄무늬일 수도 있다. 우리 생각에 이것은 대단히 드문 일 같다. 이것을 확인하는 시뮬레이션을 돌려보자. 게임 끝에 남은 6장의 카드들이 한 가지 속성을 공유하는 카드 배열은 얼마나 되는가? 2가지의 속성은 얼마나 되는가? 3가지의 속성은 어떠한가?

프/로/젝/트

10.1. 이번 프로젝트는 당신이 게임을 하는 동안 SET이 하나도 없는 카드 배열을 마주쳤을 때의 상황을 생각한다. 우리 집에서는 이런 일이 생겼을 때, 세 장의 카드를 한 번에 추가하지 않는다. 대신 우리는 한 번에 한 장의 카드만을 추가하고 새로운 카드와 SET을 이루는 것이 있는지를 확인한다. 우리는 보통 SET을 찾기 위해 세 장의 카드가 다 필요한 것은 아니라는 사실을 발견하였다. 다음과 같은 질문들과 추가로 당신이 생각할 수 있는 질문들을, 시뮬레이션을 디자인하고 돌려서 탐구해 보자.

a. 게임을 하는 중 세 장의 추가 카드가 전혀 필요하지 않은 상황은 전체의 몇 퍼센트가 되는가?
b. 세 장의 추가 카드가 한 번 이상 필요한 상황은 전체의 몇 퍼센트가 되는가?
c. 테이블 위의 카드 수가 18이나 21에 도달하는 상황은 전체 게임의 몇 퍼센트가 되는가?
d. 추가 카드가 필요한 카드 배열을 처음으로 마주치게 되는 것은 평균적으로 몇 번째인가?
e. 만일 카드 배열이 추가 카드를 필요로 한다면, 다음 카드 배열은 추가 카드를 더 많이, 혹은 더 적게, 혹은 비슷한 정도로 필요로 하는가?[65]

---

[65] 우리는 종종 추가 카드가 필요했던 카드 배열의 다음 배열이 특별히 불편하다는 것을 발견했다.

f. 카드 배열이 추가 카드를 필요로 할 때, 첫 번째 카드만으로 SET이 만들어지는 경우는 몇 퍼센트인가? 첫 카드로는 안 되고 두 번째 카드에서 SET이 만들어지는 경우는 몇 퍼센트인가? 세 번째 카드가 필요한 퍼센트는? 네 번째? 다섯 번째 카드는?

10.2. 이번 프로젝트는 10.4절에서 다루었듯이 (1) SET을 제거한 후 카드를 채우는 것과 (2) 카드를 채운 후 SET을 제거하는 것 사이의 차이를 탐구한다.

a. 하나의 SET을 고르고, (모든 SET은 동일하기 때문에, 어떤 것을 골라도 된다) 전체 카드 묶음에서 이를 제거하여 총 78장의 카드를 만든다.
- 78장의 카드는 얼마나 많은 SET을 포함하는가? 78장의 남은 카드에서 9장의 카드를 뽑자. 3장에서 했던 것과 같이, 이 9장의 카드에서의 SET 개수의 기댓값을 계산하시오.
- 다음과 같은 시뮬레이션을 하시오. SET 게임을 하는 보통의 방법으로 시뮬레이션을 시작한다. 첫 번째 카드 배열에서 모든 SET을 찾는다. 만일 하나도 없다면, 이후 내용은 생략하고 새로운 카드 배열로 다시 시작한다. 만일 SET이 있다면, 랜덤하게 하나를 없앤 후 새로운 카드를 채우지 않는다. 이 9장의 카드에 있는 SET의 기댓값을 구하시오.
- 당신이 a의 첫 번째 •과 두 번째 •에서 얻은 숫자를 비교하시오. 이 차이는 당신에게 어떤 것을 알려주는가?

b. 이제 게임을 시작하는데, 서로 다른 두 가지 방식으로 진행한다.
   - 하나의 SET을 고르고, (모든 SET은 동일하기 때문에, 어떤 것을 골라도 된다) 이것을 전체 카드 묶음에서 제거한다. 남은 78장에서 12장의 카드를 뽑아 (첫 번째 SET이 제거된 채로) 게임을 시작한다. 3장에서와 같이 이 12장의 카드 배열에서 SET 개수의 기댓값을 계산하시오.
   - 다음과 같은 시뮬레이션을 하시오.
   SET 게임을 하는 보통의 방법으로 시뮬레이션을 시작한다. 첫 번째 카드 배열에서 모든 SET을 찾는다. 만일 하나도 없다면, 이후 내용은 생략하고 새로운 카드 배열로 다시 시작한다. 만일 SET이 있다면, 하나를 랜덤하게 제거한 후, 카드 3장을 추가한 후, 12장의 카드에 있는 SET 개수의 평균을 계산하시오.
   - 10.2절에서 우리는 두 가지 시나리오에서의 SET의 기댓값을 시뮬레이션으로 계산했었다.
   (1) SET이 있으면 제거하고, 새로운 세 장의 카드를 채워 넣는다,
   (2) SET이 없다면, 세 장의 카드를 추가한 후, 15장의 카드에서 SET을 찾는다.
   이 시뮬레이션에서 우리는 새로운 카드 배열에 있는 SET의 기댓값으로 2.53을 구했었다.
   다음 세 숫자를 비교하시오. 2.53, (b)의 첫 번째와 두 번째 •에서 얻은 두 숫자. 이때 두 번째 •에서 얻은 숫자는 시나리오 (1)의 SET 개수로만 계산된 것이다.

보드게임 SET에
담긴 수학 2

10.3. 이번 프로젝트는 이전 프로젝트의 아이디어를 계속 사용하지만, 살짝 다른 방식으로 적용한다. 여기에서는 SET을 포함하는 것이 보장된 12장의 카드 배열과, 테이블 위에 SET을 하나 올려놓고 9장의 카드를 추가해서 얻는 카드 배열 간의 차이에 대해 탐구한다. 프로젝트 10.2의 시뮬레이션을 돌렸던 Brian Lynch는 이번 프로젝트의 차이를 설명하기 위한 두 가지 가설을 세웠다. 가설 A는 SET을 놓은 후 랜덤하게 9장을 추가한 카드 배열이, 최소한 하나의 SET을 포함하는 것이 보장된 카드 배열보다 SET의 개수의 평균이 더 크다는 것이다. 가설 B는 SET을 포함하는 12장의 카드 배열에 대하여 주어진 한 SET 안에 놓인 한 장의 카드를 포함하는 SET의 평균 개수가, SET을 하나 배열하고 9장의 카드 묶음을 추가한 카드 배열에 대하여 주어진 한 SET 안에 놓인 한 장의 카드를 포함하는 SET의 평균 개수보다 크다는 것이다.

a. 두 가지 상황에서의 시뮬레이션을 돌리고, 각각의 상황에 대해 두 가지 시뮬레이션을 돌리시오.
- 상황 A는 하나의 특정한 SET에 9장의 카드를 랜덤하게 추가한 것이다.
- 상황 B는 적어도 하나의 SET을 가지는 12장의 카드이다.
- 이제 두 가지 상황의 시뮬레이션을 돌리시오.
  (1) 시뮬레이션 1은 상황 A와 상황 B에서의 SET 개수의 평균값을 계산하시오.
  (2) 시뮬레이션 2는 상황 A와 상황 B에서 한 선택된 SET 안의 각각의 카드가 다른 카드들과 SET을 이루는 개수의 평균을 계산하시오.

b. 당신이 (a)에서 얻은 결과와, 프로젝트 10.2에서 구한, 두 시나리오에서의 9장 카드에 있는 SET의 개수의 평균값들을 함께 보으시오. 각각의 상황에서 세 장의 카드가 SET과 만나는 평균 개수는 한 장의 카드와 만나는 SET의 개수보다 세 배 더 많을 수 있을 것이다. 그러면 남아있는 SET은 원러의 SET과, 원래의 SET과 만나는 SET과, 남아있는 SET으로 이루어질 것이다. 당신이 구한, 서로 대응하는 상황에서의 결과들은 서로 얼마나 가까운가?
   - 시나리오 1은 카드 묶음에서 하나의 SET을 제거한 후 9장의 카드를 배열한 것이었다. 이것은 A 상황에 대응하는데, 하나의 SET을 카드 묶음에서 선택하고 9장의 카드를 추가하는 것이다.
   - 시나리오 2는 SET을 포함하는 12장의 카드 배열에서 한 SET을 제거한 것이다. 이것은 상황 B에 대응하는데, 여기에서 우리는 SET을 포함하는 12장의 카드를 살펴본다.

c. 이제 당신은 3장이나 7장에서 사용했던 인접세기와 비슷한 방법을 사용하여 이 값들을 할 수 있는 데까지 직접 계산해보자.

d. 마지막으로, 결과를 분석하라. 두 가지 상황의 차이가 무엇으로 귀결된다고 생각하는가?

책을 마무리하며

　이 책은 저자들의 사랑의 결실로 만들어진 것이다. 우리는 독자들이 게임과 수학에 대해 새로운 이해를 가지게 되고, 특별히 그 둘 사이의 관계를 더욱 잘 이해하게 되었기를 바란다. 우리가 책의 앞부분에서 언급한 바와 같이, 우리는 수학이 게임에 대한 우리의 이해를 높여 주었고, 게임을 통해 관련된 수학 지식에 대한 이해를 더욱 높일 수 있었다.

　게임이 처음 소개된 1990년부터, 많은 수학자들은 SET 게임이 유한기하학 AG(4,3)의 모델이 된다는 것을 발견하였다. 유한기하학은 수학에서 엄청나게 많이 연구된 분야이기 때문에, 어떤 연구자들은 이 게임에서 더 배울 것이 전혀 없을 것이라 생각했었다. 하지만 이러한 생각은 몇 가지 중요한 점을 놓쳤다. 유한기하학은 모든 **SET**을 똑같게 간주하지만, 우리는 이것이 게임과 이와 관련된 수학에서 모두 참이 아님을 보았다. 그에 더하여, 게임을 이용한 AG(4,3)의 시각화는 SET이 아니었으면 절대로 발견될 수 없었을 법한 많은 새로운 결과들을 기하학에 제공해 주었다. 마지막으로 이 게임은 많은 사람들을 기하학과, 더 넓게는 수학으로 초청하게 하였다. 이것이 이 책의 가장 중요한 주제였다.

　그리고 물론, 앞으로 더 연구되어야 할 것들이 아직 많이 있다. SET은 가족 게임으로 아주 좋은 도구이지만, 동시에 연구 프로젝트의 주제가 되기도 한다. 우리는 이제 이 게임을 다른 방식으로 한다. 게임을 하는 도중 자주 질문을 던지기 때문에, 이제는 경쟁하는 게임이 아닌 일종의 퍼즐에 더 가까워졌다. 우리는 당신이 이 책을 읽으며 당신만의 연구 주제 질문들을 많이 만났기를 희망한다. 이 책이 SET 연구를 완결짓는 결정판이 될 수는 없을 것이다.

이 모든 것들이 간단한 게임에서 시작되었음을 기억하라. 우리는 당신이 새로운 질문들을 찾고, 당신이 발견한 것을 우리에게 알려주기를 권한다. 여기에 명예가 따를까? 부귀가 따를까? 아마 아니겠지만, 엄청난 재미가 따를 것이다.

연습문제 풀이

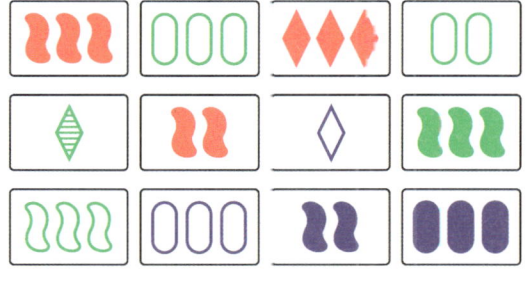

보드게임 SET에 담긴 수학 ②

6장

6.1. 먼저 k개 서로 같은 속성을 정하자. 남은 속성들에 대하여, 얼마나 많은 표현이 존재하는가? 우리가 얼마나 겹쳐서 수세기를 하였는가?

6.2. 대수 계산을 하라.
$$\frac{g(n,k)}{3^{n-1}(3^n-1)/2} = \frac{l(n,k)}{(3^n-1)/2} = \binom{n}{k}\frac{2^{n-k}}{3^n-1}$$

6.3. 카드를 한 장 뽑고, 그 카드를 포함하는 2개 SET을 고르라. $3^n(3^n-1)(3^n-3)/8$.

6.4. 모델을 만드시오.

6.5. a. $\dfrac{g(n+1)}{g(n)} = 9 \times \dfrac{3^{n+1}-1}{3^{n+1}-3}$. n이 충분히 크면 분수는

$$\frac{3^{n+1}-1}{3^{n+1}-3} \approx 1.$$

b. $\sum_{k=0}^{n}\binom{n}{k}2^{n-k} = (1+2)^n = 3^n$. $n=k$일 때의 항을 빼면:

$$\sum_{k=0}^{n-1}\binom{n}{k}2^{n-k}=(1-2)^n-1=3^n-1.$$ 그 후 양변을 2로 나누고 양변에 3^{n-1}을 곱하라.

6.6. **a.** 힌트를 사용하라.

b. 또다시 많은 대수 계산을 하면 된다.

c. $n=1$일 때 $\begin{bmatrix}1\\0\end{bmatrix}_q = \begin{bmatrix}1\\1\end{bmatrix}_q = 1$을 얻는다. n일 때 성립한다고 가정하면, $q^k\begin{bmatrix}n\\k\end{bmatrix}_q$는 $k(n+1-k)$차 다항식이고 $\begin{bmatrix}n\\k-1\end{bmatrix}_q$은 $(k-1)(n-1-k)$차 다항식이 된다. 그러면 $q^k\begin{bmatrix}n\\k\end{bmatrix}_q + \begin{bmatrix}n\\k-1\end{bmatrix}_q$는 원하는 바와 같이 $k(n+1-k)$차 다항식이 된다.

d. 힌트를 사용하시오.
$$\begin{bmatrix}n+1\\k\end{bmatrix}_{q\to 1} = q^k\begin{bmatrix}n\\k\end{bmatrix}_{q\to 1} + \begin{bmatrix}n\\k-1\end{bmatrix}_{q\to 1}$$
$$= \binom{n}{k}+\binom{n}{k-1}=\binom{n+1}{k}$$

6.7. **a.** $3^n(3^n-1)(3^n-3)/3!$

b. $3^n(3^n-1)(3^n-3)(3^n-9)/4!$

c. $3^n(3^n-1)\cdots(3^n-3^{k-2})/k!$

6.8. a. $81 \times 40 \times 13 \times 4 = 168480$

b. $3^n(3^n-1)(3^{n-1}-1)\cdots(3^2-1)(3-1)/2^n$

6.9. a. $\begin{bmatrix} n \\ 2 \end{bmatrix}_3 = (3^n-1)(3^n-3)/(3^2-1)(3^2-3)$.

b. $\begin{bmatrix} n-1 \\ 1 \end{bmatrix}_3 = (3^{n-1}-1)/2$

c. $\begin{bmatrix} n-d \\ k-d \end{bmatrix}_3$

7장

7.1. a. B를 선택하는 가능성은 3^n-1이고, A와 i번째 속성이 일치하는 선택의 경우의 수는 $3^{n-1}-1$이다.

b. $E(X_i) = 0 \times \mathrm{P}(X_i=0) + 1 \times \mathrm{P}(X_i=1) = \mathrm{P}(X_i=1)$

c. $a_n = \sum_{i=1}^{n}\left(\dfrac{3^{n-1}-1}{3^n-1}\right) = \dfrac{n(3^{n-1}-1)}{3^n-1}$

7.2. a. 챔피언은 n가지 경우가 있고, 증명서를 분배하는 것은 3^{n-1}가지 경우가 있다.

b. k명의 사람들을 뽑는 경우의 수는 $\binom{n}{k}$이고, 그중에서 챔피언을 정하는 경우는 k가지이다. 마지막으로 남은 모든

이들에게 B와 C등급을 부여하는 경우의 수는 2^{n-k}가지이다. 이제 k에 대해 합하면 된다.

7.3. **a.** 반올림하면 이차방정식 $m^2 - 3m - 3013 = 0$을 얻는다. 이로부터 $m \approx 56$을 얻는다.

b. 간단하게 정리한 방정식은
$m^2 - 3m + 2 - 2a3^{n+1} + 12a = 0$이다. 허는 다음과 같다.
$$m = \frac{1}{2}\left(\sqrt{8a3^{n+1} - 48a + 1} + 3\right)$$

7.4. 3개 이상의 평면을 기대하려면 최소한 44장의 카드가 필요하다.

7.5. **a.** $q(n,k) = \sum_{i=0}^{k} \binom{n}{i} 2^{n-i}$이므로
$$2q(n,k) + q(n,k-1) = \sum_{i=0}^{k}\left(\binom{n}{i} + \binom{n}{i-1}\right)2^{n+1-i}$$
$$= \sum_{i=0}^{k}\binom{n+1}{i}2^{n+1-i} = q(n+1,k)$$

b. $q(n,k)$를 단지 $p(n,k)$로 표현하면 된다.

c. $p(n,k)$의 정의에 의해 $p(n,k+1) > p(n,k)$가 성립한다. 그러면 (b)에 의해

$$p(n+1, k+1) \approx \frac{2}{3} p(n, k+1) + \frac{1}{3} p(n, k)$$

$$> \frac{2}{3} p(n, k) + \frac{1}{3} p(n, k) = p(n, k)$$

d. (b)를 쓰면,

$$p(n+1, k) \approx \frac{2}{3} p(n, k) + \frac{1}{3} p(n, k-1)$$

$$< \frac{2}{3} p(n, k) + \frac{1}{3} p(n, k) = p(n, k)$$

7.6. **a.** $n = 60$, $p = \frac{1}{3}$을 평균과 표준편차 공식에 대입하면 된다.

b. 계산기를 사용하면, 넓이는 대략 82.9%가 나온다.

c. 이번에는 넓이 $\approx 86.8\%$가 된다.

7.7. 평균을 $\mu = n(3^{n-1} - 1)/(3^n - 1)$라 두고,

$$g(n, k) = \binom{n}{k} 3^{n-1} 2^{n-k-1}$$을 정확히 k가지의 속성이 일치하는 SET의 개수라 두자. 이제 표준편차에 대한 다음 공식(혹은 이와 동치인 공식)을 이용하시오.

$$\sqrt{\frac{\sum_{k=0}^{n-1} g(n,k)(k-\mu)^2}{3^{n-1}(3^n - 1)/2}}$$

8장

8.1. 예를 들어, 두 번째 카드를 뽑자. '1개 보라 속이 찬 둥근 모양'은 (1, 1, 2, 1)에 대응한다. 이를 (0, 1, 1, 0)에서 빼면 $\vec{w} = (2, 0, 2, 2)$가 된다. $\vec{w}$를 SET의 세 벡터에 더하면, 이전과 동일하게 (0, 0, 2, 2), (0, 1, 1, 0), (0, 2, 0, 1)을 얻는다.

8.2. a. SET의 세 벡터는 $\vec{u}, \vec{v}, 2\vec{u}+2\vec{v}$라 쓸 수 있다. 그러면 방향벡터 $\vec{d}$는 다음과 같은 세 가지 가능성이 존재한다.

$$\vec{d_1} = \vec{v} - \vec{u}$$
$$\vec{d_2} = (2\vec{u}+2\vec{v}) - \vec{u} = \vec{u} - \vec{v}$$
$$\vec{d_3} = (2\vec{u}+2\vec{v}) - \vec{u} = \vec{v} - \vec{u}$$

세 가지 경우 모두 방향 벡터는 $\pm(\vec{u}-\vec{v})$이다.

b. $S_1 = \{\vec{u_1}, \vec{v_1}, \vec{w_1}\}$, $S_2 = \{\vec{u_2}, \vec{v_2}, \vec{w_2}\}$를 SET이라 두자. 만일 이들이 평행하다면, $\vec{u_1} + \vec{z} = \vec{u_2}$, $\vec{v_1} + \vec{z} = \vec{v_2}$, $\vec{w_1} + \vec{z} = \vec{w_2}$를 만족하는 벡터 $\vec{z}$가 존재한다. 그렇다면 S_1의 방향 벡터는 $\vec{d_1} = \vec{v_1} - \vec{u_1}$인 반면 S_2의 방향 벡터는 $\vec{v_2} - \vec{u_2} = (\vec{v_1} + \vec{z}) - (\vec{u_1} + \vec{z}) = \vec{d_1}$이 된다.

역으로 만일 $\vec{d_2} = \vec{d_1}$ 또는 $\vec{d_2} = 2\vec{d_1}$이 성립하면, S_1의 3개 벡터에 어떤 벡터 $\vec{z}$를 각각 더해서 S_2의 3개 벡터를 구할 수 있음을 보일 수 있다.

8.3. 이것은 바로 이전 연습문제에서 "평행"을 방향 벡터를 통해 나타낼 수 있음으로부터 바로 보여진다.

8.4. 둘 다 재미있는 활동이다. 즐기기를!

8.5. [표 S.1]을 보자.

[표 S.1] 연습문제 8.6의 답

$\vec{x}$	$\vec{y}$	$2\vec{x}+2\vec{y}$
$\vec{z}$	$2\vec{x}+\vec{y}+\vec{z}$	$\vec{x}+2\vec{y}+\vec{z}$
$2\vec{x}+2\vec{z}$	$\vec{x}+\vec{y}+2\vec{z}$	$2\vec{y}+2\vec{z}$

8.6. 연습문제 8.2(b)에서와 같이 $S_1 = \{\vec{u_1}, \vec{v_1}, \vec{w_1}\}$, $S_2 = \{\vec{u_2}, \vec{v_2}, \vec{w_2}\}$를 두 SET이라 두자. 만일 둘이 평행하다면, 적절한 벡터 $\vec{z}$에 대하여 $\vec{u_1}+\vec{z}=\vec{u_2}$, $\vec{v_1}+\vec{z}=\vec{v_2}$, $\vec{w_1}+\vec{z}=\vec{w_2}$가 성립한다. 그렇다면 세 장의 카드 $\vec{u_1}+2\vec{z}$, $\vec{v_1}+2\vec{z}$, $\vec{w_1}+2\vec{z}$를 추가하여 평면을 얻을 수 있다.

역으로, S_1과 S_2이 같은 카드를 포함하지 않고 같은 평면에 놓인 두 SET이라 하면, 연습문제 8.5의 평면에 대한 벡터 표현을 사용하면 둘이 반드시 평행해야 한다는 사실을 확인할 수 있다.

8.7. **[표 S.2]** 연습문제 8.7

(0,0,0 0)	(0,1,1,1)	(0,2,2,2)
(1,1,2 0)	(1,2,0,1)	(1,0,1,2)
(2,2,1,0)	(2,0,2,1)	(2,1,0,2)

a. 벡터를 이용하여 서로 교차하는 두 SET (0,0,0,0), (0,1,1,1), (0,2,2,2)와 (0,0,0,0), (1,1,2,0), (2,2,1,0)을 고르자. 그 후 [표 S.2]와 같이 평면의 나머지 부분을 채우면 된다.

b. 평면에서 각각의 행에는 첫 번째 속성이 일치하고, 열에서는 네 번째 속성이 일치하고 있으며, 남서-북동 방향 대각선은 두 번째 속성이 일치하고, 다른 대각선에 대해서는 세 번째 속성이 일치한다.

c. 평면에 있는 각각의 카드에는 한 좌표만 다른 8장의 카드가 대응한다. 만일 카드 C가 평면 위의 한 장의 카드와 거리[66]가 1이었다면, 평면의 다른 카드들과는 거리가 2 이상이어야 한다. (왜냐하면, 만일 거리가 1인 카드가 두 장 있었다면, 우리의 평면 위에는 거리가 3보다 가까운 두 카드가 존재해야 하기 때문[67]이다.) 이것은 $8 \times 9 = 72$장의 카드들이 평면의 어떤 한 장의 카드와의 거리가 1이

---

[66] 역자주: 두 카드 사이의 거리는, 카드를 나타내는 두 벡터의 서로 다른 좌표의 개수의 합으로 정의한다.

[67] 역자주: 저자들의 설명을 보충하면 다음과 같다. 두 점 P와 Q사이의 거리를 $d(P,Q)$라 쓰기로 하자. 평면 위의 두 점 A, B와 평면 밖의 한 점 C에 대해 $d(A,C) = d(B,C) = 1$이 성립하면 삼각부등식으로부터 $d(A,B) \leq d(A,C) + d(B,C) = 2 < 3$이 성립하는데, 우리의 평면 위의 임의의 두 점은 항상 거리가 3이 되므로 $d(A,B) = 3$이고, 이는 서로 모순이다.

됨을 의미한다. 그런데 이것을 다 모으면 전체 카드 묶음이 된다.

8.8. a. 교차SET은 2개 교차하는 SET으로 결정된다. 한 쌍의 교차하는 SET은 다른 교차하는 SET으로 보내지므로, 교차SET은 보존된다.

b. 평면은 2개 교차하는 SET으로 결정된다. 이제 (a)를 반복하면 된다.

c. 초평면은 같은 평면에 놓이지 않은 3개 교차하는 SET으로 결정된다. 이것은 반드시 3개 교차하는 SET으로 보내진다. 우리의 변환은 차원을 줄이지 않기 때문에, 모든 SET이 한 평면 위에 놓이지 않는다는 사실도 보존해야 한다.

d. 이것은 이러한 변환들이 가역적(invertible)이라는 사실로부터 얻어지는데, 즉 T가 새로운 SET을 하나 만들었다면, T^{-1}은 SET을 SET이 아닌 세 카드로 보내게 되며, 이는 모순이 된다.

8.9. $M = \begin{pmatrix} 0 & 1 & 1 & 0 \\ 0 & 1 & 0 & 2 \\ 2 & 1 & 0 & 0 \\ 0 & 2 & 0 & 2 \end{pmatrix}$, $\vec{b} = \begin{pmatrix} 1 \\ 1 \\ 0 \\ 0 \end{pmatrix}$

8.10. S_1과 S_2가 평행한 SET이고, T를 아핀 변환이라 하자. P를 S_1과 S_2를 포함하는 평면이라 두자. 그러면 $T(P)$는 (연습문제 8.8(b)에 의해) 평면이 되고, $T(S_1)$과 $T(S_2)$는 교차하지 않기 때문에, 둘은 여전히 평행하다.

9장

9.1. 뽑은 세 점 중 임의의 두 개와 함께 SET을 만드는 점 세 개는 어느 것도 추가할 수 없지만, 이외의 다른 세 점에서는 하나를 추가할 수 있다.

9.2.
a. $\binom{4}{2} = 6$
b. $\binom{4}{2}/2 = 3$
c. $81 \times \binom{4}{2} = 486$
d. $81 \times \binom{4}{2}/2 = 243$

9.3. 어떤 방법을 쓰던, 첫 번째 앵커 포인트를 두 번째로 보내고, 첫 번째 캡에서의 한 점을 두 번째 것으로 보내고, 첫 번째 캡에서의 다른 직선(즉 앞의 앵커 포인트와 앞의 한 점을 지나는 직선이 아닌 직선) 위의 한 점을 두 번째의 다른 직선 위의 한 점으로 보내자. 이것은 첫 번째 캡을 두 번째 캡으로 보내고 첫 캡을 포함하는 분할을 두 번째의 분할로 유일하게 보낸다.

9.4. [**힌트** : 당신은 세 평면이 첫 번째 좌표에 대응한다고 가정할 수 있다. C의 점들의 첫 번째 좌표들을 모두 더한 후, 9개 점의 가능성을 탐구해보자.]

9.5. [그림 9.8]과 같이 하나의 최대 캡을 뽑으시오. 연습문제 9.4를 이용하여, 두 번째 캡에 9개 점을 추가하고, 남은 9개를 세 번째 캡으로 두시오.

9.6. 행운을 빈다!

9.7. a. $63 \times 62/6 = 651$
b. $(2^{n+1} - 2) \times (2^{n+1} - 2)/6 = \begin{bmatrix} n+1 \\ 2 \end{bmatrix}_2$

9.8. a. • 만일 모든 카드의 속성이 없다면, 그 속성의 좌표는 (0,0)이므로, 합도 (0,0)이다.
  • 만일 한 표현이 두 장의 카드에 나타나고 세 번째 카드의 속성이 없다면, 당신은 $(a,b) + (a,b) + (0,0) = (0,0)$ (mod 2)를 얻게 된다.
  • 3가지의 속성 중에서 하나는 (1,0), 또 하나는 (0,1), 세 번째 것은 (1,1)이므로, 그들의 합은 (0,0) (mod 2)가 된다.
b. 세 수의 합이 0 (mod 2)가 될 수 있는 유일한 방법은 모든 수가 0이던지 1이 2개이고 0이 하나여야 한다. 이제, 하나의 속성에만 주목하자. 만일 $(a,b) + (c,d) + (e,f) = (0,0)$이었다면, 앞의 세 조건에 정확하게 대응하는 세 가지 가능성만이 존재한다는 것을 보이시오.

c. 하나의 속성만 고려하자. 카드에서 두 표현이 없다면, 세 번째도 없어야 한다. 만일 하나가 없고 두 번째에는 한 표현이 있다면, 세 번째에도 똑같은 표현이 있어야 한다. 만일 두 속성이 같은 표현을 가진다면, 세 번째는 반드시 없어야 한다. 만일 두 장에서 속성 표현이 다르다면, 세 번째 카드는 세 번째 표현을 가져야 한다.

9.9. 당신이 이겼기를 바란다.

10장 계산 연습문제

10.1. a. 3032640   b. 0.000000043   c. 4.29

10.2. a. $81!(12!(3!)^{23}) = 1.53 \times 10^{94}$
b. [표 10.2]에서 $2.78 \times 2.53 \times 2.4 \times \cdots$ 를 계산하면 4.2×10^7이 된다.

THE JOY OF SET
Copyright © 2017 by Princeton University Press
All rights reserved.

No part of this book may be reproduced or transmitted in any form or by any means, electronic or mechanical, including photocopying, recording or by any information storage and retrieval system without permission in writing from the Publisher.

Korean translation copyright © 2024 by Kyung Moon Sa
Korean translation rights arranged with Princeton University Press through EYA Co.,Ltd

이 책의 한국어판 저작권은 EYA Co.,Ltd를 통해 Princeton University Press와 독점계약한 경문사에 있습니다. 저작권법에 의하여 한국 내에서 보호를 받는 저작물이므로 무단전재 및 복제를 금합니다.

보드게임 set에 담긴 수학 2

지은이	Liz McMahon, Gary Gordon, Hannah Gordon, Rebecca Gordon
옮긴이	조진석
펴낸이	조경희
펴낸곳	경문사
펴낸날	2024년 11월 30일 1판 1쇄
등 록	1979년 11월 9일 제1979-000023호
주 소	04057, 서울특별시 마포구 와우산로 174
전 화	(02)332-2004 팩스 (02)336-5193
이메일	kyungmoon@kyungmoon.com

값 18,000원

ISBN 979-11-6073-714-1

★ 경문사의 다양한 도서와 콘텐츠를 만나보세요!

홈페이지	www.kyungmoon.com	페이스북	facebook.com/kyungmoonsa
포스트	post.naver.com/kyungmoonbooks	블로그	blog.naver.com/kyungmoonbooks
북이오	buk.io/@pa9309	인스타그램	ins-agram.com/kyungmoonsa

도서 중 **정오표** 및 **학습자료**가 있는 경우 홈페이지 내 해당 도서 상세 페이지의 **자료** 탭에 업로드됩니다.